“十四五”时期国家重点出版物出版专项规划项目

大规模清洁能源高效消纳关键技术丛书

清洁能源储热矿物材料技术
理论与实践

李传常　陈荐　著

中国水利水电出版社
www.waterpub.com.cn

·北京·

内 容 提 要

本书是《大规模清洁能源高效消纳关键技术丛书》之一。本书是关于清洁能源储热矿物材料及应用的专著，内容涉及矿物储热基础、储热矿物材料及应用，主要介绍清洁能源储热关键技术，相变储热基础理论，矿物储热特征，相变储热矿物材料制备、结构表征与性能测试，石墨基相变储热材料，膨胀石墨基相变储热材料，硅藻土基相变储热材料，储热矿物材料技术应用实践等。

本书可作为高等院校能源类研究生和高年级本科生的教学参考用书，也可供新能源、储能、新材料等行业从事研发和生产的工程技术人员参考。

图书在版编目（CIP）数据

清洁能源储热矿物材料技术理论与实践 / 李传常，陈荐著. -- 北京：中国水利水电出版社，2022.3
（大规模清洁能源高效消纳关键技术丛书）
ISBN 978-7-5226-0531-9

Ⅰ. ①清… Ⅱ. ①李… ②陈… Ⅲ. ①无污染能源－发电－技术－研究 Ⅳ. ①TM61

中国版本图书馆CIP数据核字(2022)第037939号

书　　名	大规模清洁能源高效消纳关键技术丛书 **清洁能源储热矿物材料技术理论与实践** QINGJIE NENGYUAN CHURE KUANGWU CAILIAO JISHU LILUN YU SHIJIAN
作　　者	李传常　陈荐　著
出版发行	中国水利水电出版社 （北京市海淀区玉渊潭南路 1 号 D 座　100038） 网址：www. waterpub. com. cn E-mail：sales@mwr. gov. cn 电话：(010) 68545888（营销中心）
经　　售	北京科水图书销售有限公司 电话：(010) 68545874、63202643 全国各地新华书店和相关出版物销售网点
排　　版	中国水利水电出版社微机排版中心
印　　刷	天津嘉恒印务有限公司
规　　格	184mm×260mm　16 开本　11.25 印张　246 千字
版　　次	2022 年 3 月第 1 版　2022 年 3 月第 1 次印刷
印　　数	0001—3000 册
定　　价	**88.00 元**

凡购买我社图书，如有缺页、倒页、脱页的，本社营销中心负责调换

Preface
序

　　世界能源低碳化步伐进一步加快，清洁能源将成为人类利用能源的主力。党的十九大报告指出：要推进绿色发展和生态文明建设，壮大清洁能源产业，构建清洁低碳、安全高效的能源体系。清洁能源的开发利用有利于促进生态平衡，发展绿色产业链，实现产业结构优化，促进经济可持续性发展。这既是对我中华民族伟大先哲们提出的"天人合一"思想的继承和发展，也是习近平主席提出的"构建人类命运共同体"中"命运"质量提升的重要环节。截至2019年年底，我国清洁能源发电装机容量9.3亿kW，清洁能源发电装机容量约占全部电力装机容量的46.4%；其发电量2.6万亿kW·h，占全部发电量的35.8%。由此可见，以清洁能源替代化石能源是完全可行的。

　　现今我国风电、太阳能等可再生能源装机容量稳居世界之首；在政策制定、项目建设、装备制造、多技术集成等方面亦具有丰富的经验。然而，在取得如此优势的条件下，也存在着消纳利用不充分、区域发展不均衡等问题。目前清洁能源消纳主要面临以下困难：一是资源和需求呈逆向分布，导致跨省区输电压力较大；二是风电、光伏发电的出力受自然条件影响，使之在并网运行后给电力系统的调度运行带来了较大挑战；三是弃风弃光弃小水电现象严重。因此，亟须提高科学技术水平，更加有效促进清洁能源消纳的质和量，形成全社会促进清洁能源消纳的合力，建立清洁能源消纳的长效机制，促进清洁能源高质量发展，为我国能源结构调整建言献策，有利于解决清洁能源产业面临的各种技术难题。

　　"十年磨一剑。"本丛书作者为实现绿色能源高效利用，提高光、风、水、热等多种能源综合利用效率，不懈努力编写了《大规模清洁能源高效消纳关键技术丛书》。本丛书从基础研究、成果转化、工程示范、标准引领和推广应用五个环节着手介绍了能源网协调规划、多能互补电站建模、测试以及快速调节技术、多能协同发电运行控制技术、储能运行控制技术和全国集散式绿色能源库规模化建设等方面内容。展现了大规模清洁能源高效消纳领域的前沿技术，代表了我国清洁能源技术领域的世界领先水平，亦填补了上述科技工程领域的出版空白，望为响应党中央的能源转型战略号召起一名"排头兵"的作用。

这套丛书内容全面、知识新颖、语言精练、使用方便、适用性广，除介绍基本理论外，还特别通过实测建模、运行控制、测试评估等原创性科技内容对清洁能源上述关键问题的解决进行了详细论述。这里，我怀着愉悦的心情向读者推荐这套丛书，并相信该丛书可为从事清洁能源消纳工程技术研发、调度、生产、运行以及教学人员提供有价值的参考和有益的帮助。

中国科学院院士 卢强

2020 年 2 月

Foreword
前言

全球能源格局正在发生由依赖传统化石能源向追求清洁高效能源的深刻转变，清洁能源发展势头迅猛，成为我国实现"双碳"目标的有效途径。储能技术作为清洁能源发展的核心支撑，在电源侧、电网侧、负荷侧均有刚性需求。储热技术作为一种能量高密度化、转换高效化、应用成本化的新型储能方式，对加快建设清洁低碳安全高效的新型能源体系以及实现"双碳"目标具有重要作用。

相变储热是利用材料在相变过程中相态的转变伴随热能的吸收与释放进行热能存储与利用的储热技术。复合相变储热材料是相变储热技术的关键材料之一，一般由相变材料和支撑基体两部分组成，相变材料为储热功能体，而支撑基体可强化相变材料储热性能并防止相变材料泄漏。非金属矿物具有良好的热稳定性、丰富的微孔结构和良好的化学兼容性，并且具备资源丰富、成本低廉的特点，具有极高的商业应用价值，被作为支撑基体广泛用于复合相变储热材料的制备。本书系统总结了作者在清洁能源储热矿物材料方面的研究工作。本书共8章，第1~2章介绍了清洁能源储热与相变储热的基础；第3~4章介绍了相变储热矿物材料的理论基础与实验手段；第5~7章介绍了不同矿物材料用于相变储热的最新研究成果，涉及石墨、膨胀石墨、硅藻土等矿物；第8章介绍了相变储热矿物材料技术应用在不同领域的实践，如无水箱太阳能热水器、咸水淡化系统、电-热转换与存储、电池热管理等。

本书在撰写过程中得到了许多前辈、同行，单位领导、同事的热情帮助与支持；同时得到了作者历届研究生的大力支持和帮助。本书具体撰写工作分工如下：第1章由李传常、陈荐、白开皓完成，第2章由李传常、谢宝珊、李亚溪完成，第3章由李传常、谢宝珊、林酿志完成，第4章由李传常、林酿志、彭馨可、李沐完成，第5章由李传常、陈荐、谢宝珊、赵新波完成，第6章由李传常、张波完成，第7章由李传常、王梦帆完成，第8章由李传常、张波、赵新波完成。林酿志为本书的出版做了大量的整理工作。在此，一并表示感谢！

本书参考了国内外的有关文献与资料，并列出了参考文献，对前人的贡献致以最诚挚的敬意和最衷心的感谢。同时，作者向关心与支持本书出版的有关部门、有关学者和专家表示衷心的感谢。由于本书涉及多个学科领域，研究内容涉及学科交叉的复杂问题，加之作者水平有限，书中纰漏和不足之处在所难免，恳请读者批评指正。

作者

2022 年 1 月

Contents 目录

第 1 章

清洁能源储热关键技术

1.1 清洁能源高效消纳技术

清洁能源，即绿色能源，是指不排放污染物、能够直接用于生产生活的能源。我国是国际清洁能源的发展主力，是世界上最大的太阳能、风能与环境科技公司的发源地之一。与之对应的则是严重的弃风、弃光等问题，以风电为例，2015 年我国风电行业全年弃风电总量 339 亿 kW·h，平均弃风率 15%，弃风情况较为严重的甘肃、新疆、吉林三地弃风率更是超过了 30%，严重掣肘行业发展。2019 年，在我国大力"坚持消纳优先，加强就地利用"的政策引导下，全国平均弃风率下降到 4%，弃风总量为 169 亿 kW·h，风电行业单位平均造价约为 7000 元/kW，部分地区更达到了 5500元/kW 左右，较 2015 年下降了 1000～2500 元/kW，工程造价明显降低，在 2020 年全面解除红色预警地区，甘肃、新疆等多地风电行业在停滞多年后重新启动。在弃风量快速下降、风电行业建设成本快速下降的背后，清洁能源高效消纳技术发挥了重要作用。

1.1.1 储能技术

随着风能、太阳能等清洁能源的大规模应用，储能技术作为破解这些新能源间歇性、波动性的解决方案进入了人们的视野[1]。储能是指通过介质或设备在特定时间把能量存储起来，需要时再释放的过程。储能技术是一项可能对未来能源系统发展及运行带来革命性变化的技术，从技术原理上，储能主要分为机械储能、电化学储能、热储能、化学储能、电气储能等。

以抽水蓄能技术为例，抽水蓄能属于机械储能，是当前在电力系统中应用最为广泛的一种储能技术，其主要应用领域包括调峰填谷、调频、调相、紧急事故备用、黑启动和提供系统的备用容量，还可以提高系统中火电厂和核电站的运行效率。抽水蓄能电站有四机分置式、三机串联式和二机可逆式。可逆式机组设备尺寸小、投资稍低，特别适用于地下厂房的安装，只需要较小的洞室，节省土建工程量，且管道阀门易简化。例如，我国陕西镇安的抽水蓄能电站就是采用的二机可逆式，如图 1-1 所示，设计年发电量 23.41 亿 kW·h，每年可促进消纳富余风能、太阳能发电量约 12 亿 kW·h，可显著降低电力系统单位能耗水平，年均节约标煤约 11.7 万 t，减排二氧化碳约 30.5 万 t、二氧化硫约 0.28 万 t，在有效缓解西北地区窝电和弃风、弃光等问题的同时，具有显著的经济效益和环保效益。

图 1-1　陕西镇安抽水储能项目

（图片来源：http://baijiahao.baidu.com/s? id=1674230606444207240&wfr=spider&for=pc）

抽水蓄能电站能够很好地解决电网高峰、低谷之间供需矛盾。例如，对于风电，在夜间负荷低谷期时，大量风电无法并网被迫弃置，此时，就可以用抽水蓄能将弃风转变成水的势能存储起来，在白天负荷高峰期再释放出来，可形成良好的互补关系。

除抽水蓄能可高效消纳清洁能源外，电化学储能也可发挥重要作用。全钒液流电池是一种新型储能装置，将不同价态的钒离子溶液作为正负极的活性物质，分别储存在各自的电解液储罐中，通过外接泵将电解液泵入到电池堆体内，使其在不同的储液罐和半电池的闭合回路中循环流动。其原理如图 1-2 所示，充电时 VO^{2+} 离子被氧化为 VO_2^+ 离子，同时放出电子传到外电路，V^{3+} 得到电子，被还原为 V^{2+} 离子。正极溶液在充电后由于失去电子，整个体系带正电荷；同样，负极充电后带负电荷，非电中性体系是不能稳定存在的，因此负极溶液中

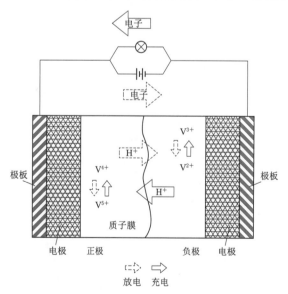

图 1-2　全钒液流电池工作原理示意图[2]

的 H^+ 就通过阳离子交换膜（图 1-2 中的质子膜是一种特殊类型的阳离子交换膜）迁移至正极和正负极溶液中的过剩电荷维持体系电中性，同时构成电池内部的离子电流。放电时，正负极溶液在电极表面发生逆反应，H^+ 则由负极迁回正极[2]。

在国家能源结构调整的大背景下，中国科学院大连化学物理研究所和大连融科储能技术发展有限公司研发团队于 2014 年 6 月成功实施了国网辽宁省电力有限公司电力科学研究院风/光/全钒液流电池储能的智能微网❶项目。全钒液流电池储能系统配置为 100kW/400（kW·h），采用集装箱方式室外安装，并成功运行。2014 年，研发团队为中国广核集团有限公司青海光/储智能微网工程提供了 125kW/1（MW·h）全钒液流电池系统，与光伏发电结合，为青海共和县无市电地区提供电力供应。作为智能微网中不可缺少的一部分，全钒液流电池储能系统能够有效对微网内风能和太阳能发电输出特性进行调节，保障了微网运行稳定性。针对分布式发电和智能微网领域，研发团队还为新疆金风科技股份有限公司北京亦庄风/光/储智能微网工程提供了 200kW/800（kW·h）全钒液流电池系统。

1.1.2 微网技术

随着风能、太阳能、生物质能等清洁能源应用于电力系统中，其中大部分分散布置在电力负荷附近。这种分布式电源（distributed generator，DG）的兴起和发展给电力系统提供了一种非常有效的节能减排技术。然而，由于 DG 的随机波动性，其渗透率的提高也增加了对电力系统稳定性的影响。在现有技术下，当电力系统发生故障时，由于不具备惯量和一次调频能力，DG 必须马上退出运行，导致其效率不能得到充分发挥。

一方面，智能化的微网作为可再生能源发电的有效载体，能够克服清洁能源发电出力的间断性，提高电力系统供电可靠性水平和可再生能源利用率，微网作为智能电网的有机组成部分，具有兼容性、灵活性、经济性和自治性的特点，能够灵活高效地利用 DG 及储能设备，最大限度发挥 DG 的优势，使其环境效益得到充分发挥[3]；另一方面，微网与中小型热电联产相结合，通过实现温度对口、梯级利用和能质匹配，减少不同能源形态的转换，满足用户供电、供热、制冷、湿度控制和生活用水等多种需求，优化了能源结构，实现节能减排的目标。

随着对微网研究的不断深入，目前可认为清洁能源微网是由风、光、天然气等各类分布式清洁能源、储能装置和可控负荷组成，既可通过能量存储和优化配置实现本地能源生产与用能负荷基本平衡，也可根据需要与公共电网灵活互动[3]。

在智能微网发展过程中，虚拟同步发电机（virtual synchronous generator，VSG）

---

❶ 微网即微电网，本书简称微网。

技术的兴起也有着重要贡献。虚拟同步发电机技术可以在逆变器控制中模拟同步发电机的转子运动方程和调压调频特性，是使新能源由"被动调节"转为"主动支撑"的新一代新能源发电技术，有利于提高 DG 对微网和大电网的支撑作用。例如国网冀北电力有限公司电力科学研究院自主研制了世界最大容量的 2 MW 风电虚拟同步发电机、储能直流升压并联接入 30～500kW 系列光伏虚拟同步发电机，一次调频响应时间显著优于常规同步发电机组。同时，还依托国家风光储输示范工程，如图 1-3 所示，建成了世界首座百兆瓦级多类型虚拟同步发电机电站，虚拟同步发电机改变了原来仅由发电端调节的单向模式，实现了负荷端和发电端的双向调节模式。

图 1-3　国家风光储输示范工程图

（图片来源：https://www.sohu.com/a/432886692_650508）

1.1.3　清洁能源供暖技术

清洁能源供暖技术是指通过高效用能系统，利用清洁化燃煤（超低排放）、天然气、地热能、生物质能、太阳能、工业余热、风能等清洁能源，实现建筑低排放、低能耗的供暖技术。根据能源种类，清洁能源供暖技术可以分为清洁燃煤集中供暖技术、天然气供暖技术、电供暖技术、可再生能源及其他清洁供暖技术[5]。

（1）清洁燃煤集中供暖技术。清洁燃煤集中供暖技术是使用超低排放标准的燃煤通过锅炉燃烧供给供热管网。因此，燃煤和锅炉的优劣决定了其对环境的影响程度，推动"好煤配好炉"方案的实施是实现燃烧污染治理过程中的一项重要举措。"好煤"是指通过加入节能减排增效剂，促进硫元素充分氧化，燃烧时污染气体排放量低的燃煤；"好炉"指经过技术改造后的高效节能炉具。"好炉"需要与对应燃料配套使用，如图 1-4 所示的解耦炉。据炉具行业 2017 年调查数据，我国 1.6 亿户农村居民家庭中，燃煤取暖约占 41.3%，散煤用量约 2 亿 t。全国供暖炉具市场容量达 1.86 亿台，商品化炉具市场保有量约 1.2 亿台，燃煤供暖已经是北方主要的供暖方式。

（2）天然气供暖技术。天然气供暖技术是以天然气为燃料，采用脱氮改造后的燃气锅炉等集中式或分散式供暖设施，向建筑供暖的技术，其燃烧效率较高且基本不排放烟尘和二氧化硫[4]。截至 2018 年年底，我国北方地区天然气供暖面积约为 28 亿 m²，占总取暖面积的 15.3%。但天然气管道铺设非常复杂，成本较高，而且一旦受到破坏，将对周边环境及人们的生命财产安全造成极大危害。因此，城市地区和城郊农村实用性较强，而大多数农村地区由于成本和安全性的限制，天然气管网敷设不完整，难以实现天然气供暖。

（3）电供暖技术。电供暖技术是以电力为能源，利用电锅炉、热泵等集中式供暖设备或发热电缆、电热膜、储热电供暖器等分散式供暖设备，为建筑提供热量的技术[5]。与清洁燃煤集中供暖及天然气供暖相比，电供暖技术具有布置和运行灵活等优点，且用户端无污染物排放，适用于热力管网、天然气管网难以覆盖的农村地区。我国北方农村地区户均电网线路容量只有 2~3kW，而普通型家用电制热储热供暖装置需达到 9~10kW，大规模高压电制热储热供暖系统则需达到几百千瓦甚至几兆瓦，这就涉及大规模的农村电网增容改造，以及房屋保暖改造等基础设施建设，导致电供暖成本较高。

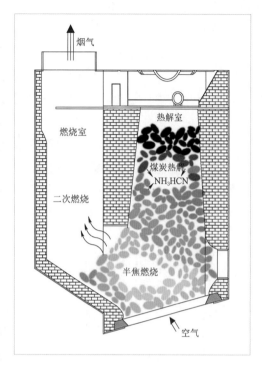

图 1-4 解耦炉结构示意图
（图片来源：https://mp.weixin.qq.com/s/h9kYoRnDjtNsK7h6X7G3ig）

（4）可再生能源及其他清洁供暖技术。可再生能源及其他清洁供暖技术包括地热能、生物质能、太阳能、工业余热、风电等清洁供暖技术。地热供暖技术是可再生能源清洁供暖技术应用最广的一种。地热供暖技术是使用换热系统，提取地热资源中的热量，并给建筑供暖的技术。地热供暖技术虽然发展比较迅速，但是仍受到地热资源分布、冷热负荷不平衡、地下水回灌难等问题限制。

生物质能供暖技术是指以生物质原料及其加工转化形成的固体、气体、液体燃料为能源，利用专用设备为建筑供暖的技术，包括达到相应环保排放要求的生物质热电联产、生物质锅炉等。受到生物质能来源和数量的限制，生物质能供暖技术多应用于农村地区，无法保证建筑密度大的城市地区建筑供暖。

工业余热供暖技术是指通过余热利用装置，回收工业生产过程中的余热，并进行换热提质，为建筑供暖的技术。虽然我国工业生产的能源效率在 20%~60%，余热总量巨大。但由于工业生产的间歇性、远离生活区、供暖系统复杂、投资较高等原因限制了工业余热供暖技术的发展。

太阳能供暖技术是利用太阳能资源，通过太阳能集热装置向用户供暖的技术。由于太阳能具有间歇性和不稳定性，单独利用太阳能供暖技术需要大面积的太阳能集热装置，成本高、维护复杂，因此太阳能供暖技术主要以辅助供暖形式存在，配合其他供暖技术共同使用，目前供暖面积较小[5]。

风电供暖技术一方面可以解决燃煤供暖所带来的污染问题，另一方面还可以缓解弃风问题，提高北方风能资源丰富地区消纳风电能力，缓解北方地区冬季供暖期电力负荷低谷时段风电并网运行困难问题，促进城镇能源利用清洁化，减少化石能源低效燃烧带来的环境污染，改善北方地区冬季大气环境质量。

1.2 风电储热供暖技术

近年来，我国的风电行业发展迅速，截至 2021 年上半年，风电累计并网装机容量已达 $2.92\times10^8\,\mathrm{kW}$，上半年风电发电量为 $3.441\times10^{11}\,\mathrm{kW\cdot h}$，同比增长约 44.6%。但是，弃风问题也日趋严峻。风电供热的出现极大地鼓励了风电行业的发展，通过灵活的能量转换，为风电提供了一个积极健康的发展方向。因此，为有效消纳弃风，我国正在积极发展风电供热。

风电供热的基本原理是利用低谷期多余的风电对电热锅炉进行供电，以储热装置作为补充，将风电以热量的形式输送或存储起来，风电不足时以储热装置为主、燃煤锅炉为辅进行供热。采用风电供热模式来消纳弃风时，典型的风电供热系统包含电锅炉、热泵、蓄热装置等，其系统结构图如图 1-5 所示。为了区分风电供热的类型，在技术上可以按照热源的连接形式与运行调节方式将风电供热的模式划分为独立供热模式、联合供热模式、调峰供热模式三类。

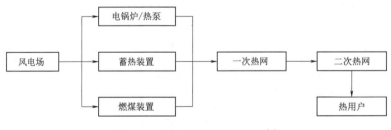

图 1-5 风电供热系统结构图[5]

1.2.1 独立供热模式

在独立供热模式下，风电场与当地的供热公司进行协商，对特定的区域、特定的供热面积进行独立供热,由风电供热项目建立独立的供热管网,对分配的区域进行独立供热,用户的供热水平由风电供热项目独立负责,由风电供热项目自主设计供回水温度、供热曲线以及流量控制,甚至可以根据情况改变供热时间,不受当地供热公司限制,供热费用独立收取。

在此模式下,主要有两种运行控制策略,分别为固定时段运行和与弃风协调运行。由于后者可充分利用弃风电量,因此在采用风电独立供热模式时,主要选用弃风协调运行控制策略。图1-6、图1-7分别为独立供热模式下弃风时段与非弃风时段运行能流示意图,其中实线表示该工况下的能流方向;虚线表示其他工况下的能流方向;蓝色表示电能,红色表示热能。独立供热模式比较自主,收益大,但是前期需要建立独立的供热管网,投资较大,所以其在居民的日常生活供暖以及建筑物节能供暖等方面的应用较少。

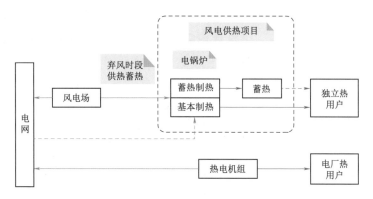

图1-6 独立供热模式下弃风时段运行能流示意图[6]

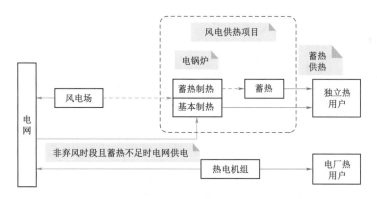

图1-7 独立供热模式下非弃风时段运行能流示意图[6]

例如,2012年建成投运的内蒙古四子王旗风电供热项目[7],供热建筑为居民住宅楼,供热面积50万 m^2,在冬季,电锅炉每天运行14h(18:00—次日8:00);储热罐供热时间10h(8:00—18:00)。若出现当地用电紧张,电锅炉的运行根据当地电网的负荷变化来切换:当电网用电负荷降低时,根据负荷降低逐步减少投入电锅炉的运行数量；当电网用电负荷增加时，根据用电负荷增加量逐步减少运行的电锅炉数量。

1.2.2　联合供热模式

联合供热模式是比较常见的供热模式。该模式下，风电供热项目与地方供热公司合作，共用一条供热管网，在进水口处，双方供热管道 T 形连接，进水温度经双方协商，循环水加热到相应的温度后汇入主管网进行供热。当地供热公司为主要供热方，风电供热辅助供热，供热费用由当地供热公司协商确定，可以根据当地电网消纳水平进行切换供热：白天电网消纳水平有限，供热公司作为主供应方；夜间用电负荷减小，由风电供热作为主供应方。图 1-8、图 1-9 分别为联合供热模式下弃风时段和非弃风时段运行能流示意图。其中，实线表示该工况下的能流方向；虚线表示其他工况下的能流方向；蓝色表示电能，红色表示热能。在联合供热模式下，风电供热项目投资少，但受到供热公司限制，供热费用需和供热公司进行协商，确定合理的运行分配方案和供热价格，才能确保效益。

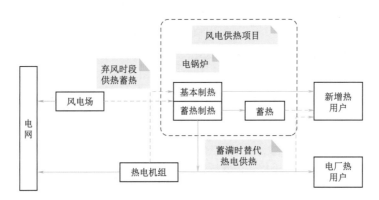

图 1-8　联合供热模式下弃风时段运行能流示意图[6]

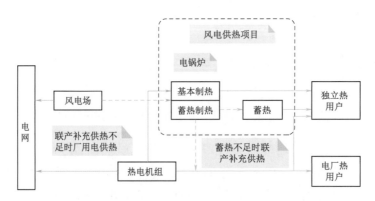

图 1-9　联合供热模式下非弃风时段运行能流示意图[6]

例如，2013 年建成运行的大唐新能源开鲁地区风电供热项目，供热建筑为居民住宅楼，其所采用的供热模式为与当地的供热公司进行联合供热，供热面积 10 万 m^2，夜间的 7h 为电网用电低谷期，也是大工业用电为谷价期间，储热锅炉在这个时间段工作，进行实时加热和储热，其他时间段不再进行加热，只由储热体进行放热，完成供热。

1.2.3 调峰供热模式

调峰供热模式是以风电供热项目作为辅助调峰供热，供热公司负责主体全面供热，在供热温度难以达到设定值时，或出现特殊情况无法满足供热温度时，作为补偿燃煤锅炉供热负荷缺口的辅助热源。该模式下，风电供热不需要设立储热装置，锅炉设定为实时启动热备用状态。

为了能够确定机组实际可调空间，解决供热机组、风电高占比电网深度调峰平衡等问题，王宏[8] 等提出风电协议外送的调峰型虚拟电厂采暖优化配置方法，通过分析风电协议外送型电网系统结构及互动消纳机理、量化推导储热式电采暖可调节特性、建立需求响应模型的流程方法来解决风电外送型区域电网调峰需求。李佳佳[9] 等针对"三北"地区热电机组比重大、冬季供暖期间弃风现象严重的问题，提出了在二级热网增设调峰电锅炉的消纳弃风方案，即根据二级热网电锅炉的供热系统结构，建立了调峰电锅炉的启停控制模型和一级热网、二级热网的热平衡方程，并以煤耗量为目标函数构建了一种电负荷由全网机组平衡、热负荷由各热电厂与调峰电锅炉就地平衡、计及热电机组电功率上下限与抽汽量之间的函数关系的电热联合调度模型；研究了电锅炉容量、不同热负荷调峰方案对全系统煤耗量、弃风量的影响，从而为风电提供更大上网空间，提升风电消纳能力。

例如，吉林电网采用了调峰供暖模式，在保证供热质量的同时，极大地扩大了电网消纳风电等可再生能源所需的发电空间，促进了吉林省千万千瓦级风电基地建设和可再生能源大规模利用，并且为"三北"地区后续的推广应用起到了示范和指导作用。

1.3 太阳能供热技术

太阳能储热供暖技术利用太阳能集热器收集太阳辐射并转化成热能，采用储热介质将热能存储，在需使用时，通过传热介质经过散热器供暖。太阳能供暖系统通常与太阳能热水系统相结合[10]。

1.3.1 短期昼夜型太阳能集中供热系统

短期昼夜型太阳能集中供热系统是我国普遍使用的供暖手段之一，该系统通常由太阳能集热器、水箱、工作液和循环管道组成，使用太阳能集热器收集太阳辐射并转化成热能，以液体作为传热介质，以水作为储热介质，热量经由散热部件送至室内进行供暖。短期昼夜型太阳能集中供热系统大都与其他供热设备同时使用，以提升供热效率和降低成本。

例如，在河北阜平龙王庙村的"太阳能＋热泵"采暖示范项目取得优异效果后，政府出资将示范项目扩大到整村，如图 1-10 所示，项目总供暖面积达 6200 m^2，集热器由定制的 300 支全玻璃真空管组成，储热水箱容积 1000L，冬季供暖温度可达 18~20℃，建筑节能达到当地 65% 的要求，能够满足当地生活需求。

图 1-10 河北阜平龙王庙村"太阳能＋热泵"采暖示范项目

（图片来源：http://www.shanxilvshang.com/show.php? id＝147&cid＝8）

1.3.2 跨季节太阳能储热供热系统

跨季节太阳能储热集中供热系统是与短期昼夜型太阳能集中供热系统相对而言的。季节性储热是利用夏季收集的多余热量来补偿冬季供热不足，也称为长期储热。Fisch[11] 等总结了欧洲投运的大型太阳能供热系统，它们具有短期（昼夜）和长期（季节性）存储的不同存储应用，并比较了它们的成本效益比。结果表明，季节性储热模式可以满足 50%~70% 的全年供热需求，而昼夜模式只能满足 10%~20%，说明季节性储热更能节约能源和减少化石燃料消耗。虽然季节性储热在实际应用中具有更大的潜力，但在技术上比短期储热更具挑战性，它需要巨大的存储量并且具有更大的热损失风险，因此对于选择材料必须经济、可靠和生态。

根据储热介质，常见的跨季节太阳能储热技术可分为显热储热技术、潜热储热（相变储热）技术和热化学储热技术，其中：显热储热技术相对成熟且有大量工程已投入使用；潜热储热技术过程几乎是等温的，能提供比显热储热技术更高的能量密度；热化学储热技术利用可逆的化学反应实现热量的存储与释放，通过更大的储能密度来实现更紧凑的储热而不损失热量[12]。但是，对于潜热储热技术和热化学储热技术而言，由于需要长时间储热且储热、放热过程必须是可逆的，并在大量循环后仍能保持稳定的性能而不严重退化，这就需要考虑材料对设备的腐蚀性以及整个系统的控制策略等实际问题。

近年来，跨季节太阳能储热技术主要应用于要求温度为 40 ~ 80℃的空间供暖和热水供应。因此，水、岩石类材料（如砾石、卵石、砖）和地面/土壤成为热门的存储介质候选材料，并在大型示范项目中被广泛选用。以岩石类材料作为存储介质为例，2010年12月，在我国秦皇岛安装了一种用于空间供暖和热水供应的太阳能空气加热系统，能够为室内区域提供热量，同时将热量存储在卵石床中，能够满足当地的供暖需求[13]，这是我国第一个投入实际使用的大型太阳能空气供暖项目，具体的工作原理如图 1 - 11 所示。供暖区域包括 717 m² 的宿舍和 2602 m² 的自助餐厅，根据不同季节制定不同的供暖时间。工程建造了一个 300 m³ 的卵石床，存储 473.2 m² 的太阳能集热器收集白天的余热作为热源，满足夜间的高热负荷，同时采用空气作为传热介质，节约成本。

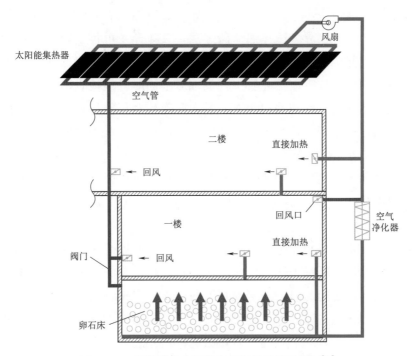

图 1 - 11　秦皇岛的太阳能空气加热系统示意图[13]

太阳能储热供热系统根据太阳能集热器不同有不同类型，常见的太阳能集热器有真空管集器、平板集热器、菲涅尔集热器、槽式集热器等。

跨季节太阳能储热技术为最大限度地利用太阳能提供了机会，也为太阳能可以覆盖所有加热负荷而无需额外加热系统提供了可能性，是极具前景的能源利用技术之一，当前显热储热技术已成熟，初具规模，是当前应用最为广泛的技术。在目前所有可用的技术中，潜热储热技术由于其能量密度高以及储放热温度稳定被誉为最有潜力的方式之一。

第 2 章

相 变 储 热 基 础 理 论

2.1 相变储热的基本原理

随着社会的发展与进步，能源消耗剧增导致资源短缺和环境污染等问题，受到全球广泛关注。近年来，世界各国提倡低碳经济，大力开发可再生能源及其高效利用技术。然而，可再生能源的利用存在着诸如能量密度低、能量供应的间歇性等问题。储热技术可通过将热能存储于储热介质中，实现对不同时段或地点的热能供给，从而有效提升可再生能源的稳定性和利用效率。在太阳能热利用领域，通过储热技术可实现太阳能热发电系统和太阳能热水系统的稳定、高效工作。此外，储热技术广泛应用于工业余热回收、工业/民用采暖、电子设备热管理等领域。储热技术是易规模化的新型储能技术，其中，储热材料是储热技术的核心和关键，因此储热材料成为国内外研究的热点。根据储热介质的不同，储热方式主要分为显热储热、潜热储热（相变储热）和热化学储热[14-18]。

相变储热是利用材料相变过程中热能的吸收与释放进行热能存储及利用的储热技术。储热阶段中储热材料首先通过显热储热技术进行热量的储存，这种储热方式主要借助储热材料与环境之间的温差来实现热量的传递，直至吸热达到相变材料的相变温度；然后相变材料在这一温度下吸收大量的热量，从而使内部分子能量增加，并在相变过程中存储热量；最后一个阶段为显热储热过程。放热阶段热量释放过程同样分为显热、潜热和显热储热。图 2-1 描述了相变储热的基本原理。不同于显热过程，相变过程中储热介质的温度几乎恒定，且物质的相变需要极大的热能改变其分子间相互作用力及热运动方式，因此相变材料的相变潜热一般较其显热大[19-20]。

相变材料在相变过程中相态的变化大致包括固—液、固—固、液—气相变三类。分子自由程度越小表示分子运动越受限制，能量密度则越小；反之，分子自由程度越高，能量密度则越大。在物质存在的三种不同相态中，固态物质分子间的结合紧密，分子自由程度较小，分子间约束力较强，能量密度相对较小；气态物质分子间的距离较远，自由程度相对较大，相对作用力较弱，能量密度相对较大。同种物质在不同相

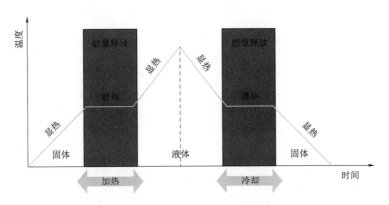

图 2-1 相变储热的基本原理图[21]

态之间的转变将会伴随着能量的吸收与释放。气态物质在相变过程中，由于体积过大，不便于储存和运输，从而受到了很多应用上的限制[22]。在目前相变储热材料的研究中，主要以固—液相变储热材料为主，表 2-1 总结了常见的固—液相变材料的分类及优缺点[23]。

表 2-1   常见的固—液相变材料的分类及优缺点

分类	细分	举例	优点	缺点
有机物	石蜡	C_nH_{n+2}	热稳定性好、无过冷和相分离现象	易燃性、高成本、低热导率
	脂肪酸	癸酸、月桂酸、硬脂酸		
	高分子聚合物	聚乙二醇、聚乙烯	相变潜热高、无过冷和相分离现象	可燃、低热导率
无机物	水合盐	十水硫酸钠、三水醋酸钠	储热密度大、成本低、热导率大、相变温度区间宽	相分离和过冷现象严重
	熔盐	$LiNO_3$、$NaNO_3$、KNO_3	储热密度大、传热性能好	腐蚀性强
	合金	$Al-Si$、$Al-Mg$	导热性强	液态腐蚀性强且封装困难
共熔物	有机共熔物	癸酸-月桂酸、硬脂酸-月桂酸	相变温度可调、循环稳定性好	工艺复杂、成本高、低导热
	无机共熔物	$NaNO_3-NaOH$	化学稳定性好、相变温度可调	工艺复杂、腐蚀性强

以相变储热技术为基础的相变潜热储热系统在应用时当具备以下三个条件：①相变储热材料具有合适相变温度及储热容量；②有理想的换热面积；③容器的化学兼容性要好且能满足应用要求。在不同领域应用的相变储热材料必须具有符合各自应用领域的特点。通常情况下，相变储热材料的选择都需要遵循以下共同的原则：

（1）热力学方面。相变温度的选择要在合适的温度区间之内；相变储热密度大，热传导效率高，可以有效减少热量储存与热量释放所需要的时间；避免由于各相溶解度不同导致的相分离；相变前后的体积变化率小，这样有利于简化封装过程的复杂工艺，提高经济效益。

（2）动力学方面。相变储热材料在放热过程中，过冷度要控制在比较小的温度区间内；为了使相变储热材料在热力学凝固点发生相变，通常可以采用加入成核剂、超声波、搅拌等方法实现。

（3）化学方面。化学稳定性良好，在长期循环使用过程中不易失效；腐蚀性小，不会与盛装容器发生化学反应而腐蚀容器造成材料泄漏；对人体和环境无毒害以及不易燃烧等。

（4）经济方面。价格低廉，来源广泛，容易获取。

以上 4 个方面是理想的相变储热材料在筛选时的基本原则，但实际生活中并不能找到完全符合要求的材料，可以通过对单个相变储热材料进行改性或者与其他基体材料复合等方式尽可能地满足实际应用的需求[24]。

2.2　相变储热的基本概念

2.2.1　相变潜热

相是在化学物理领域内被定义为系统中的任一均匀部分，即当系统中某一部分具有相同的组成、相同的化学和物理性质时，那么这一均匀部分就被称为一个相。相平衡为物质在两个均匀系之间相互转化的平衡，即在一个处于平衡状态的多相体系中，每个相的压强、温度以及每个组分在所有相中的化学势均相等，体系的性质不再随时间而变化。相变则是指物质在异相之间的转变，直至达到相平衡时相变结束。相变潜热是指单位质量的物质在等温等压情况下，从一个相变化到另一个相吸收或放出的热量。这是物体在固、液、气三相之间以及不同的固相之间相互转变时具有的特点之一。由于本书主要研究固—液相变，所以要了解熔融潜热和冷却潜热。相变储热材料在相变温度下从固体向液体转变时所吸收的热量称之为熔融潜热，而逆向相变过程中所放出的热量则称为冷却潜热。理论情况下的两者数值应该相等，但实际测量得到的数值并不相同，通常情况下冷却潜热的值要小于熔融潜热，这主要是因为在相变材料在结晶的过程中会因为有一部分晶体不完全结晶，从而使得存储的热量并不能完全放出。相变储热材料的潜热值体现了其储热能力的大小，是相变储热材料的一个关键性能参数。采用 DSC 测定相变储热材料的吸热、放热曲线，通过基线外推法，以吸热曲线和放热曲线在所对应的基线进行积分，得到被测材料的熔融潜热和冷却潜热。

有机石蜡类相变储热材料是直链烷烃的混合物，通过碳链结构的结合与断裂来释放与存储能量。石蜡类相变储热材料的潜热值普遍较高，一般都在 200J/g 以上。这种相变储热材料广泛应用于中低温条件下，具有低成本、腐蚀性小、无毒性等优点。

脂肪酸类也具有较高的潜热值，但部分脂肪酸存在一定的毒性，且熔融液态下具有一定的刺激性气味。熔融盐无机类相变储热材料在熔融状态下为离子熔体，在熔化过程中吸收热量，完成从离子晶体到离子熔体的转变。而水合盐是结晶水分子与无机盐结合形成的一种化合物，不同于吸附水与无机盐类分子的物理结合，水合盐中的结晶水以化学键形式与盐类分子结合，具有一定的晶体结构与排列方式，结晶水属于材料内部组成的一部分。结晶水合盐在熔化和凝固的过程中以释放和吸收结晶水的方式分别实现热量的存储与释放。结晶水合盐通常是中、低温相变储热材料中重要的一类，其相变潜热通常在 $100\sim330J/g$ 范围内，显然这种相变储热材料较其他类型的储热材料具有更高的相变潜热，但在使用过程中经常会出现过冷、相分离等不利现象，严重影响了结晶水合盐的广泛应用[27]。此外，有机相变储热材料和无机相变储热材料之间可以互相混合形成共熔物，包括有机相变储热材料和有机相变储热材料的复合、无机相变储热材料和无机相变储热材料的复合以及无机相变储热材料和有机相变储热材料的复合。通常情况下，根据低共熔原理，复合后的相变储热材料会有更低的熔点，而潜热值则可能表现为增大或减小。目前相关研究表明，当有机相变储热材料与无机水合盐复合时有利于提高相变储热材料的潜热值，同时对减少结晶水的流失也具有一定的效果。同时，复合型相变储热材料可以使得原始相变储热材料的晶体结构重新排列，由于引进新的分子间作用力（如氢键等），从而形成更加稳定的结构，进一步优化了其热物理性能。

2.2.2 相变温度

相变温度是物质在异相之间转变时的临界温度，相变储热材料根据相变温度（T_m）不同可分为高温相变储热材料（$T_m > 90℃$）、中温相变储热材料（$15℃ \leqslant T_m \leqslant 90℃$）、低温相变材料（$T_m < 15℃$）三大类。其中：高温相变储热材料在航空航天、集热式太阳能及工业废热和余热回收等领域有着广泛的应用；中温相变储热材料主要应用在建筑节能、太阳能（热水、空气加热、蒸馏系统等）、电子设备及纺织等领域；而低温相变材料由于相变温度较低，常用于相变储冷（热力学上的"冷能"）、制冷系统（空调、冰箱等）和食品冷链配送等领域。

正常情况下，由于纯相变储热材料的相变温度不能满足应用需求，所以并不能直接应用到实际中，须改性处理，对其相变温度进行调控。最常用的方法为低共熔法，即两种不同熔点的相变储热材料在熔融状态下充分混合，冷却后可形成一种具有固定熔点的共晶体，有机—有机型复合和无机—无机型复合会形成较纯相变储热材料更加稳定的结构，而有机—无机型复合虽然可以实现，但是易表现出相变不平衡等不稳定现象，所以在进行有机—无机型复合时，有机材料和无机材料必须选用具有相同的晶体结构，这样才能保证复合后的相变储热材料具有良好的稳定性。此外，加入一些助剂也会对相变储热材料的相变温度产生一定的影响，如成核剂、增稠剂等，通常成核剂会降低材料的相变温度，而增稠剂的加入则会产生相反的效果。增稠剂能够增大体系的黏度，其三维网络空间可以支撑体系中的分子均匀分布在体系中，缓解了相分离现象。然而，由于增稠剂的三维网络空间结构使体系黏度增加，需要更高的温度来克服黏度增加引起的阻塞效应，从而导致了相变温度的增加。相变储热材料与载体材料的复合也会对相变温度具有一定的影响，具体表现为载体孔径越小，对孔隙内相变储热材料的约束效应越为显著，相变温度朝着降低的方向移动。同时，改变载体表面上官能团数量也能够实现孔隙内相变储热材料相变温度的调控，官能团数量越多，对孔隙内相变储热材料的束缚能力越强，相变温度的降低越为明显[30-33]。

2.2.3 储热容量

储热容量表征材料单位质量或体积可存储热量的多少，显热储能材料的储热容量与比热容成正比，用储能密度即比热容与密度的乘积（$C_p \cdot \rho$）表示，单位为 $J/(m^3 \cdot K)$；相变储热材料的储热容量即为相变储热材料发生相变时吸收的热量，单位为 J/g。按照储热原理的不同，可以将储热材料分为显热材料、相变材料和化学反应热储热材料三大类型。

显热储热的基本原理是利用热源与储热材料之间的温差，通过热量的传递改变储热材料的温度实现储热、放热。其计算公式为

$$Q = cm(T_2 - T_1) \tag{2-1}$$

式中　c——单位质量物质的比热容，$J/(kg \cdot ℃)$；

　　　m——物质的质量，kg；

　　　T_1——物质的初温，℃；

　　　T_2——物质的终温，℃。

显热储热材料是利用物质本身温度的变化过程进行热量的存储，由于可采用直接接触式换热，或者流体本身就是储热介质，因而储热、放热过程相对比较简单，是早期应用较多的储热材料。显热储热材料大部分可从自然界直接获得，成本低廉且来源广泛。显热储热材料分为液体和固体两种类型，常见的液体材料如水，常见的固体材料如岩石、土壤等，其中有几种显热储热材料具有卓越的性能，如 Li_2O 与 Al_2O_3、TiO_2 等高温烧结成型的混合材料。

相变储热在相变过程中材料的温度维持不变，利用潜热储热时，该过程能够在低温下进行，具有较高的储热密度，因此储热系统的容积小，节约了造价成本，可在一定的相变温度下释放热量。目前实际应用的相变储热材料有硬脂酸、聚乙二醇、十水硫酸钠、十二水磷酸氢二钠和六水氯化钙等。其计算公式为

$$Q = mL \tag{2-2}$$

式中　Q——相变储热材料存储的热量，J；

　　　m——相变储热材料的质量，kg；

　　　L——相变储热材料的相变潜热，J/kg。

化学反应热储热的基本原理为利用化学反应过程中热能与化学能之间的吸放热来实现储热的，若某化合物 A 通过一个吸热的正反应可以转化为高焓物质 B 和 C，这时热能存储在物质 B 和 C 中，当发生可逆反应时，物质 B 和 C 又可以化合成物质 A，热能又被重新释放出来。利用化学反应储热时，可以利用可逆分解反应、有机可逆反应和氢化物化学反应三种技术实现，其中氢化物化学反应技术是最具有发展潜力的。化学反应储热的过程可以表示为

$$A \rightarrow B+C \qquad\qquad (2-3)$$

三种储热方式的对比见表 2-2。表中可以发现化学反应热储热的储热容量最大，显热储热的储热容量最小。虽然化学反应热储热的储热容量大，但反应过程不易控制、技术难度高，而且对设备安全性要求高，一次性投资大，与实际工程应用尚有较大距离。综合权衡下，相变储热是最有应用前景的一种储热手段，具有非常可观的应用价值和研究意义[34]。

表 2-2　　　　　　　　　　三种储热方式的对比[35]

特性	显 热 储 热	相 变 储 热	化 学 反 应 热 储 热
工作原理	通过材料的温度变化实现热量的存储和释放	通过相变储热材料的物态变化进行热量的存储和释放	通过可逆的化学反应进行热量的存储和释放
储热容量	小，与材料的比热容有关	中，取决于相变材料的潜热值	大，取决于化学反应热
优点	技术成熟、廉价易得、寿命长	相变过程温度接近恒温	热损失小、能够实现热量的长期储存
缺点	设备占地面积大、热损失大	初投资成本高、耐久性差、材料封装困难	技术复杂、一次性投资大、设备维护费用高

2.2.4　相分离与过冷度

相分离是影响相变储热材料储热效果的一个主要原因，该现象会造成相变体系的不平衡，大大地降低系统的循环稳定性甚至导致相变储热材料完全失效。在理想情况下，固体物质在过渡到液相时保持其成分均匀，因此当其逆向相变到固相时，相变储热材料应保持相同成分和均匀性，始终呈现相同的潜热和相变温度。对于共晶混合物，必须要确认相变是否发生在同一温度下，否则可能发生一种成分处于固态，另一种成分仍处于液态的现象，从而导致相分离。这样会导致材料的原始成分发生变化，最初的性能不能很好地维持。

相分离现象最常发生在无机水合盐中。因为，结晶水合盐在进行吸放热循环时，经过多次储热、放热过程，体系中有部分溶解度较小的晶体颗粒析出，其中很大一部

分为不溶于结晶水的无水盐类，这部分无机盐不再与结晶水结合，表现为宏观上的分层现象，导致了体系储放热能力大幅下降，缩短材料的使用寿命周期。为了改善体系的相分离现象，防止残留晶体沉积于容器底部，可以加入增稠剂，防止混合物体系中各个成分的分离，而且对于相变过程并没有太大的负面影响。常见的增稠剂有羧甲基纤维素钠（CMC）、高分子吸水树脂（SAP）、硅酸钠、聚丙烯酰胺（PAM）、甘油等，增稠剂可单独使用也可以复配使用，一般用量控制在 $1\%\sim5\%$[36]。此外，可以将所盛放的容器做成很浅且水平放置的盘状，这种工艺处理也可以有效地降低相分离趋势，但通常会受到工程应用的限制。

过冷是一种阻碍相变储热材料及时储热和放热的负面特性，它会影响相变储热材料在热能存储应用中的有效利用。结晶行为是物质由长程无序的非晶状态形成长程有序的晶体状态的过程，通常是从液态向固态转变的一种行为过程，在物相发生变化的过程中会伴随着能量的变化转移。结晶行为可以分为以下阶段：

第一阶段为成核阶段，是在液相中形成晶核，然后晶核逐渐生长，当晶核尺寸生长至超过稳定的临界尺寸时，晶体形成，然后晶体会继续长大。晶核的形成通常以两种方式进行，一种是均匀成核，另一种是非均匀成核。

第二阶段为晶体生长阶段，成核阶段所产生的晶核通过扩散作用不断在表面吸附距离晶核较近的分子，根据晶体优先生长的原则进行取向迁移，并长大成特定形状的晶体。此时期相变材料会吸附在晶核表面，由此可以生成具有一定几何形状的晶体，但是在晶体生长完成的这个过程中，结晶速率会逐渐变慢。

第三阶段为晶体再生阶段，此时期相变储热材料完全凝固，但是晶体内仍会有相对运动，在这个过程中晶体的形状和大小仍然会改变。结晶过程中的成核率高，晶体生长速率慢，晶体多数表现为分布密集且均匀，颗粒较小；反之，晶体分布稀疏，晶体颗粒较大。

相变储热材料的过冷现象为材料在放热凝固过程中冷凝到凝固温度 T_m 时并不结晶，而是继续保持液态，需要到达凝固温度 T_m 以下的一定温度时开始结晶相变并放出潜热，致使材料温度又重新上升。在结晶过程中，必须形成晶核并不断生长，结晶过程才能继续。产生过冷现象的原因可以从熔体结晶成核的热力学条件角度来分析。从相律可以看出，晶体的凝固通常是在常压下进行的。在纯晶体的凝固过程中，固液两相共存，自由度为零，凝固温度不变。材料结晶速度越快，消耗的输入能量越少，能量利用效率越高。在低过冷度的情况下，晶核的存在促进了溶液在其表面的结晶，从而提高了整体结晶速率。由材料凝固结晶的热力学原理可知，只要过程为自由能减少，那么该过程均能自发进行，直至其自由能不再减少。但是并不适合所有的过程，因为有的过程其自由能可能减少，但是凝固过程并没有自发进行，而是体系处于亚稳定状态，需要等到体系的相变驱动力达到一定值时，其相变过程才可以自发进行。相

变储热材料的过冷特性也可以用过冷度来表示，通常认为熔化的起始温度和冷却的起始温度之间的差表示该相变储热材料的过冷度，即

$$\Delta T = T_m - T_f \qquad\qquad (2-4)$$

式中　ΔT——相变储热材料的过冷度，℃；

　　　T_m——相变储热材料的熔化起始温度，℃；

　　　T_f——相变储热材料的冷却起始温度，℃。

相变储热材料的过冷现象会影响储热效果：温度有回升过程，延长放热时间；造成放热温度波动，降低系统稳定性；太大的过冷度会导致液体变成胶体状；影响后续的结晶过程，甚至后续结晶过程完全中止[37]。因此，为了克服过冷现象，根据目前的研究现状，常用方法有添加成核剂、多孔介质负载和施加各种物理场等。过冷在无机相变储热材料中更为常见，而以石蜡为主要代表的有机相变储热材料不存在过冷现象。通过加入成核剂来消除或减少相变储热材料的过冷是最常用、最有效的方法。

根据非均相异质成核原理，通过引入成核剂，使其在无机相变储热材料体系中提供足够的结晶成核位点，以促进液相相变储热材料的结晶，最终达到降低过冷度的目的。然而，成核剂的添加有一个最佳比例，过低或过高的添加量都无法达到预期的抑制过冷效果。过低含量的成核剂无法提供足够的结晶位点，导致体系过冷度虽有改善但仍较大。而过高含量的成核剂又会抑制结晶过程，造成结晶能力衰减恶化，上述现象出现原因可以解释为：①过多的成核剂沉积在相变储热材料表面，阻碍了体系中的结晶过程；②晶核的生长是大量原子的堆积过程，过多的成核剂由于分子间作用力会抑制晶核的生长，导致体系中晶核数量的降低；③随着成核剂含量增加，成核表面自由能也随之增加，这在一定程度上阻碍了异质晶核的形成。在结晶过程中，成核剂会干扰溶质分子的有序排列，影响晶体的成核或生长，从而引起晶体结构或形貌的改变。成核剂可以促进成核，降低材料的过冷度，与溶质分子结构相似的成核剂对晶体的改性具有重要意义。对于不同的相变储热材料，成核剂对消除过冷的作用不同。因此，有必要研究不同相变储热材料的合适的成核剂，以消除或减弱过冷，以提高结晶速度。目前的研究主要集中在单一成核剂对相变储热材料过冷的影响。

根据二维成核理论，表面张力的变化也会影响晶体的成核。在晶体生长过程中，晶体的形状主要取决于不同晶体表面的生长速率。生长速度快的晶面在生长过程中迅速消失，生长速度慢的晶面在生长过程中被保留，最终决定了晶体的形状。晶体形态受多种因素的影响，除了晶体的内部结构外，它还与晶体生长的外部环境有关。表面张力是固液、气液界面的一个重要特征，它对溶液中晶体的成核和生长有重要影响，研究表明杂质可以通过降低溶液表面张力来提高成核速率。

2.3 相变储热性能强化理论

材料储热的本质是将一定形式的能量在特定的条件下存储起来，并在特定的条件下加以释放和利用。相变储热材料在相变过程中产生较高的焓变，比常规显热储热具有更高的储热密度，同时相变储热系统质量轻、体积小，可以带来相对较低的成本，因此相变储热材料在提高能源利用效率方面具有明显优势。储热性能和导热性能是相变储热材料的重要性能，制备出高储热容量和高导热系数的相变储热材料是储热领域需要实现的主要目标[38]。

2.3.1 储热容量提升

提高相变储热材料的储热性能，添加碳基材料是其中一种有效的实验手段。碳基材料如石墨粉、碳纳米管、石墨纳米片和碳纳米颗粒已被广泛研究。碳基材料具有优异的导热性能和突出的化学稳定性，常被用作复合相变储热材料的支撑基体或导热填料。通过原位碳化法制备具有导热性增强的硅藻土/碳基体，利用真空浸渍法将相变储热材料十八烷吸附到硅藻土/碳基体中，制备一种复合相变储热材料；将复合相变储热材料掺杂到水泥浆中，测试评估所制备的水泥复合相变储热材料的储热性能，实验表明，将相变储热材料与建筑材料集成是提高建筑物储热容量的有效方法。

复合相变储热材料主要由相变储热材料和支撑基体组成。相变储热材料作为储热功能体，决定了复合相变储热材料的储热能容量，支撑基体用于稳定相变储热材料在发生相变时不泄漏，并无储存潜热的能力。因此，相变储热材料在复合相变储热材料中的占比应尽可能大，储热容量才越大。于是，可对支撑基体的孔隙结构改型以提升孔隙率，或对表面改性以增强与相变储热材料的结合力，通过上述方法增加复合材料中相变储热材料的比例以提升储热容量。此外，载体孔隙的尺寸限制效应也会对储热容量有一定的影响。复合材料的载体平均孔径大，可减小尺寸约束效应，相变储热材料的储热容量会有一定地增大。载体的孔径越大，相变储热材料的储热容量越高。而且载体表面的官能团越少，复合相变储热材料的储热容量越大。这是因为载体表面的官能团具有超强的吸附能力，载体表面的官能团越少，越有利于晶核与周围分子的结合，从而促进了相变储热材料的结晶过程。相关研究也表明，纳米晶壳包覆相变储热材料可以增大纯相变储热材料的储热容量，原因在于纳米晶壳界面约束与无受限状态相比，纳米晶壳内的高叠加压力应显著缩短分子间的间隔，从而形成多个稳定的氢键网络，进而使得相变储热材料的储热容量增大。总之，纳米约束的影响可以改变相变储热材料在固相中的结晶度，进而可以增加受限制的纳米体积中相变储热材料的潜热吸收和释放[39-43]。

　　微量的纳米粒子可以使相变体系的储热容量有一定的提升，但也不是所有的纳米粒子都有这种特性，其中最关键的条件是纳米粒子的加入要使体系的相变温度增大，而相变温度增大的原因在于纳米粒子上的官能团与相变储热材料产生了强烈的相互作用。此外，纳米粒子的加入会影响相变储热材料分子间的作用力，当纳米粒子与相变储热材料分子之间的作用力大于相变储热材料分子自身之间的远程作用力（范德华力）时，储热容量会有一定程度的增加。同时，纳米粒子粒径越小，比表面积越大，与相变储热材料分子间作用力越强，越有利于储热容量的增加。碳纳米管表面有大量的离域 π 电子，在界面上与相变储热材料之间产生分子间相互作用力或形成化学键，也可能产生额外的潜热。另外，三维纳米管支架对相邻纳米管孔内的相变储热材料施加压缩应力，会对相变储热材料的相变行为产生一定影响，从而增加复合材料的储热容量。

　　无机水合盐相变潜热的来源是脱去结晶水，中心阳离子性质和结晶水个数决定了相变潜热的大小，中心阳离子提供的空轨道个数决定了结晶水的个数，结晶水的个数不能超过空轨道数，不可能通过无限制地增加结晶水的个数来增大相变潜热值。因此，在两者确定的条件下潜热值也就基本确定，与阴离子性质无关。阳离子半径越小，配体极性越大，配位键越强，无机水合盐对应的相变潜热值也越大。有人猜想提高结晶无机水合盐潜热的另一个途径是增加阳离子和配体的配位强度，而材料潜热提升之所以存在限制，是因为水所能提供的配位键强度有限，更换配体是提升无机相变储热材料潜热的一个途径。但是，相关研究表明，极性更强的配体在加热过程中会分解，并不能像无机水合盐一样形成可循环的相变过程。因此，通过改变配体来增加相变潜热值是无法实现的。无机水合盐中结晶水的含量对相变潜热值有很大的影响，而大部分无机水合盐的结晶水容易在反复冻融循环中丢失，这就导致了相变潜热值的减少。为了解决上述问题，相关研究者发现，在无机水合盐中补充适量的去离子水有利于增大无机水合盐的相变潜热。加入一定比例的去离子水不仅可以使相变温度降低，而且还能有效增大相变潜热值，但是当其含量超过 10％时会加剧相分离现象，因此去离子水的添加量存在一个最佳范围。总之，在无机水合盐体系中补充适量的去离子水有利于储热容量的提升。

2.3.2　传热强化

　　影响复合相变储热材料传热效率的因素很多，从微观的角度来看，目前人们普遍认同晶格振动和声子传输是影响其传热效率的主要原因。晶格振动使晶体原子在格点附近振动产生热量，而声子是将热量从一端传递到另一端的驱动力，在微尺度传热中，提高复合材料传热效率的关键研究在于有效的声子传输。热传输可以通过固体中的电子和晶格振动来实现。对于金属相变储热材料，热传输主要由电子控制。无机非金属相变储热材料在其离子晶格中自由电子很少，不能作为热传导载流子。因此，对于非金属相变储热材料，热传导主要依赖于晶格的振动。一般情况下，声子扩散越强，其导热能力越大，导热系数越高；相反，非金属材料中声子的扩散受阻，导致材料的导热系数小。此外，声子散射会造成能量传输的方向改变，这是非金属材料热传导较差的主要原因。在包括相变储热材料在内的几种复合材料中，声子散射主要是由填充载体与相变储热材料之间的界面引起的。具体来说，声子散射主要影响界面热阻，从而降低热流。此外，晶体中的杂质不可避免地会产生额外的热阻，从而导致传热效率的降低[46]。

相变储热技术是解决能量在时间和空间分配不均从而提高能量利用效率的有效手段，所以，不同的工作周期对相变储热材料的吸放热速率有着不同的要求。对于短工作周期，相变储热材料的吸放热速率必须提高。在相变储热过程中，为了减少储放热时间，提高储放热效率，相变储热材料需要具有较高的导热系数。一般提高相变储热材料的导热系数主要有以下三种方法：第一种方法为宏观和微观地包覆相变储热材料，如常见的多孔载体封装技术和微胶囊技术；第二种方法为在相变储热材料中填充高导热系数金属或其化合物粒子，如常见的在相变储热材料中添加铝粉和氧化铝等；第三种方法为用纳米材料填充有机相变储热材料，如常见的在相变储热材料中添加纳米铜和碳纳米管等。

当使用多孔介质时，将相变储热材料填充到多孔介质中以形成复合相变储热材料，多孔介质必须具有高导热性以有效地增强相变储热材料导热性，高孔隙率以确保足够的相变储热材料填充并保持高储能密度。泡沫金属（如泡沫铜、泡沫镍、泡沫铝等）以及膨胀石墨通常可用作多孔支撑基体来增强相变储热材料的导热性能[47]。目前对各种石墨的研究已经很多，其中膨胀石墨是研究最为广泛的一种材料，膨胀石墨作为导热增强材料，具有高导热、无毒害、多孔、孔隙小、吸附力强和比表面积大等优势，可将液态的相变储热材料吸附进较小孔隙内，形成一种外形上不具流动性的多孔基定形相变储热材料。针对相变微胶囊传热效率低的问题，大量学者通过添加改性剂如膨胀石墨、石墨烯、多壁面碳纳米管等对其进行改性研究[48-49]。

有机相变储热材料的导热性普遍较差，大多数的导热系数为 $0.1 \sim 0.3 \mathrm{W}/(\mathrm{m} \cdot \mathrm{K})$。将高导热填料添加到相变储热材料中能有效提高复合相变储热材料的导热系数。泡沫金属的多孔特点和良好的骨架连接可以实现相变储热材料内嵌，是提高相变储热材料导热系数及改善相变储热材料性能的有效手段。为了提高相变储热材料的导热系数，人们对颗粒、丝、翅片、泡沫、蜂窝和矩阵等形式存在的镍、铝、铜和镁等金属材料也进行了广泛的实验研究，以提高纯相变储热材料的导热性能[50]。图 2-2 为引入翅片后的相变储热材料换热管示意图，相关研究表明，在达到相同传热性能条件

图 2-2　引入翅片后的相变储热材料换热管[52]
PCM—复合相变储热材料；HTF—换热流体；Fin—翅片

下，由钢制成的翅片比由石墨箔制成的翅片需要更多的体积，导致钢翅片的成本较高。翅片的引入有助于增强传热性能，但会减少储热装置中相变储热材料的含量，导致热存储容量降低；此外，翅片的存在会削弱液态相变储热材料的自然对流。因此，加入金属材料时应综合考虑储热效率、储热容量和经济成本[51]。金属材料可以大幅度提高相变储热材料的导热系数，然而这些金属材料是良好的导电体，降低了复合相变储热材料的绝缘性能。这一缺点将对某些应用产生负面影响，例如，由于高导电性，它会降低相变储热系统的安全性。

　　相变储热材料导热系数的提高还可以通过向相变储热材料中添加高导热纳米颗粒来实现。当纳米材料添加剂用于增强相变储热材料导热性能时，其将分散到相变储热材料中以形成复合相变储热材料。纳米材料添加剂必须具有高导热系数和化学稳定性，以确保相变储热材料导热性能得到有效提高并且不会发生化学反应。碳纳米材料，如多壁碳纳米管、单壁碳纳米管、石墨烯和金属氧化物纳米颗粒或金属纳米颗粒通常用作添加剂以增强相变储热材料的导热性能。纳米材料类成核剂不但可以相应地提高相变储热材料的导热系数，而且还可以改善相变储热材料的过冷现象。因为纳米粒子的表面与界面效应，使得它们拥有较大的表面能和较高的表面活性，从而导致纳米粒子极不稳定，比微米及亚微米更易团聚，且能够强烈吸附周围粒子而达到稳定的趋势[53]。多壁碳纳米管因其巨大的长径比，高导热性能和良好的热稳定性而被用于提高相变储热材料的导热性能和热稳定性，但由于极性和表面化学基团等因素使其极易团聚，从而影响了其导热性能提升能力。而经过表面修饰，增强和基体的润湿性后，粒子团聚体被打开，使基体进入粒子空隙内，驱逐内部空气，而使高导热性能很好地发挥。纳米粒子易团聚，因此，可通过表面包覆或复合（纳米粒子—纳米粒子，微米粒子—微米粒子，纳米粒子—微米粒子）的方法来解决单一纳米粒子极易团聚的问题，同时还可以对其表面性质进行改善，增大接触面积，使其具备复合协同效应，同时，这些纳米粒子在液态相变储热材料中因布朗力作用而增强了基液的微对流，使得储放热效率明显提高，从而达到最佳的使用性能[54-56]。

　　复合相变储热材料导热性能除了受填料影响，还受导热填料的含量、尺寸以及导热填料与相变储热材料界面热阻的影响。对载体用不同的官能团进行表面改性，可改变复合相变储热材料的界面热阻，进而调节复合相变储热材料的导热性能。由于纳米粒子具有大的比表面积和强的界面效应，能够起到导热强化剂的作用。而碳是自然界最普遍的元素之一，具有导热系数高、密度低等优点，石墨烯作为碳纳米材料，具有由碳元素组成的单原子层平面六边形晶格结构，这种特殊的结构拓宽了石墨烯材料的应用前景，是未来最具潜力的可用于相变储热材料性能优化的一种纳米材料[57]。

除了上述通过提高相变储热材料本身导热系数来强化传热以外，增大传热流体与相变储热材料间的换热温差，也可显著提高相变储热材料的充放热效率。然而，在充放热过程中，相变储热材料的温度基本维持在相变点附近，而传热流体的温度随着充放热过程的持续会逐渐接近相变温度，即传热流体和相变储热材料之间的温差逐渐减小，这种现象使得相变换热器的末端导热系数较低，影响系统整体效率。为解决以上问题，研究人员提出了梯级相变技术的概念。梯级相变技术即将具有不同相变温度和不同相变潜热值的相变储热材料按照一定的顺序排列放置形成具有一定相变温度梯度的复合相变储热材料，如图 2-3 所示。相较于单级相变储热体系，梯级布置的优势是相变储热材料和传热流体之间的传热温差能基本保持

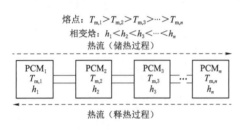

图 2-3　梯级布置相变储热材料示意图[58]

恒定，可以整体上提高系统的传热效率，而且在经过多次高低温相变循环以后仍能恢复原状，具有良好的可重复利用性[58]。

第 3 章

矿 物 储 热 特 征

矿物材料具有良好的热稳定性、丰富的微结构和良好的化学兼容性，并且具备资源丰富、成本低廉的特点，具有极高的商业应用价值，被研究者们广泛用于复合相变储热材料的制备。

3.1 石墨的储热特征

石墨作为碳的同素异形体，是一种六方或三方晶系的过渡态自然元素矿物。天然的单晶石墨通常呈鳞片状，称为鳞片石墨（flake graphite，FG）。经选矿后的鳞片石墨含碳量一般为 $80\% \sim 99.5\%$，可以用来生产不同面向尺寸的鳞片石墨，层状结构的鳞片石墨具有独特的矿物特性，包括良好的耐高温、导电、导热［石墨介质骨架导热系数为 $\sim 2000 W/(m \cdot K)$，a-方向[59]］、耐酸碱性能，受到相变储热材料制备领域的青睐。储热特征一般指物质的导热系数以及储存空间，以下从这两方面概述石墨的储热特征。

3.1.1 导热系数

石墨导热系数可达 $100 W/(m \cdot K)$ 以上，研究者将石墨通过 Hummers 法、机械剥离法等物理化学方法先将层状结构进行分离，获得纳米级石墨，直接用作添加物增强低导热相变储热材料的导热系数，也能够用作支撑基体。将高导热的膨胀石墨、碳纳米纤维［Carbon nanofibers，CNF，$\sim 1200 W/(m \cdot K)$］[60]、碳纳米管、纳米石墨、纳米石墨片、石墨烯等为导热增强体，添加进相变储热材料当中，以提升导热系数。如 Mei 等[61] 添加石墨至癸酸/埃洛石纳米管复合相变储热材料中后导热系数增加至 $0.758 W/(m \cdot K)$，提升了将近 58%。Zhang 等[62] 制备月桂酸-软脂酸-硬脂酸/膨胀珍珠岩复合相变储热材料，当添加 5% 膨胀石墨后导热系数提升了 95%。Sarı 等[63] 添加 5% 膨胀石墨至高岭土基复合相变储热材料后导热系数也有了极大的提升。

表 3-1 部分表示的是添加石墨类高导热材料，矿物基复合相变储热材料的导热系数与储热容量。

表 3-1　　　　　　　矿物基复合相变储热材料的导热系数与储热容量

支撑基体	相变储热材料	添加物	熔融过程		冷却过程		样品导热系数 /[W/(m·K)]	导热系数提升率	参考文献
			T_m /℃	ΔH_m /(J/g)	T_f /℃	ΔH_f /(J/g)			
硅藻土	软脂酸-癸酸（63.5%）	膨胀石墨（5%）	26.7	98.3	21.9	90.0	0.292	53.7%↑（添加后）	[64]
膨胀珍珠岩	月桂酸-软脂酸-硬脂酸（55%）	膨胀石墨（2%）	31.8	81.5	30.3	81.3	0.86	95%↑（添加后）	[62]
蛭石	癸酸-油酸（20%）	膨胀石墨（2%）	19.75	27.46	17.05	31.42	0.22	85%↑（添加后）	[65]
高岭石	癸酸（17.55%）	膨胀石墨（5%）	30.7	27.23	28.21	25.51	0.23	35%↑（添加后）	[63]
埃洛石纳米管	癸酸（60%）	石墨（5%）	29.56	75.40	25.36	75.35	0.758	58%↑（添加后）	[61]
钠基蒙脱石	n-十八烷（31.82%）	纳米石墨片（5%）	30.31	80.16	22.80	78.78	2.119	254%（添加后）	[66]
纳米石墨片	十六烷（48.8%）	—	—	96.4	—	94.8	1.368	350%（相对纯PCM①）	[67]
膨胀石墨	十四醇（93%）	—	—	202.6	—	201.2	2.76	537%（相对纯PCM）	[68]
	十四醇（60%）	—	—	131.1	—	129.2	5.71	1110%（相对纯PCM）	[68]
纳米石墨片	椰子油（76.07%）	—	26.93	82.34	14.95	77.64	1.3303	414%（相对PCM）	[69]

① PCM 为相变储热材料。

3.1.2　储存空间

石墨可作为支撑基体装载相变储热材料制备性能优良的定型复合相变储热材料，以石墨类材料为支撑基体，通过扩充层间距等方式提升装载空间后，装载相变储热材料制备定型复合相变储热材料可保留原相变储热材料的大部分储热容量。例如，石墨经插层、强酸、高温反应后制得体积增大 150～300 倍的膨胀石墨，再装载相变储热材料，获得储热容量大的复合相变储热材料[70]。众多研究中，Yang[71] 和 Guo[72] 分别装载聚乙二醇、石蜡制备膨胀石墨基复合相变储热材料。Zhang 等[73] 将癸酸-软脂酸-硬脂酸多元共混物装载进膨胀石墨层间，获得了装载量高达 90% 的定型复合相变储热材料，潜热值达 131.7J/g。

3.2 硅酸盐矿物的储热特征

硅酸盐矿物具有多孔结构，是一类理想的支撑基体材料。利用硅酸盐层间多孔道的表面张力、毛细管作用对相变储热材料进行固定以提高负载量[74]，或利用高导热矿物介质骨架增强导热能力，改善性能缺陷[75]。与传统方法比较，使用硅酸盐矿物基体不仅可以简化制备方法，强化 PCM 导热性能，还能降低制备成本。目前，研究者们已对凹凸棒石、硅藻土、埃洛石、高岭石、蒙脱石等硅酸盐矿物基复合相变储热材料开展了大量研究[76-77]。硅酸盐矿物的储热特征直接影响复合相变储热材料的储热性能。基于硅酸盐矿物的特性，从其导热系数与储存空间两个方面概述硅酸盐矿物储热特征。

3.2.1 导热系数

大部分硅酸盐矿物的导热系数在 $1.0W/(m \cdot K)$ 左右[78-80]。硅酸盐矿物依靠声子进行热量传递，其导热系数与声子平均自由程度成正比关系，而常温下晶粒的尺寸、结晶程度正比于声子平均自由程。因此，储热材料导热性能不仅与组分自身导热能力有关，而且与材料晶型结构等有关。一方面直接利用矿物骨架热传导能力增强相变储热材料导热性能，如膨润土的导热系数［$1.0W/(m \cdot K)$］大于石蜡的导热系数［$0.2W/(m \cdot K)$］，以膨润土为支撑基体装载石蜡相变功能体制得的石蜡/膨润土复合相变储热材料，热传导过程中储放热速率明显提升[75]；另一方面部分低导热硅酸盐矿物基体通过结构改型可提高其导热系数，Li 等[81] 发现原矿蛭石导热系数为 $0.106W/(m \cdot K)$，经高温焙烧后得到类似金云母层间结构的膨胀蛭石［金云母垂直方向导热系数 $3.7W/(m \cdot K)$］，研究者选用膨胀蛭石装载石蜡制备定形复合相变储热材料，使导热系数从 $0.246W/(m \cdot K)$ 提高至 $0.546W/(m \cdot K)$。

3.2.2 储存空间

硅酸盐矿物储存相变功能体的空间越大，其装载能力就越强，复合相变储热材料的储热容量就越高。硅酸盐矿物的微孔结构、比表面积、表面性能等决定了其储存空间，进而影响了相变功能体的装载量及相变特性。因此，建立硅酸盐矿物微结构与储热特征之间的联系，可实现对复合相变储热材料储热性能的调控。常见硅酸盐矿物孔结构特征见表 3-2，硅酸盐矿物的孔结构特性在孔径分布、孔形貌、孔间连接方式上存在差异性，适合不同复合相变储热材料的装载；此外，具有较大比表面积，毛细管作用力、多孔道表面张力使相变储热材料与支撑基体之间形成更为牢固的结合网络，增加吸附量防止相变泄漏；再者，通过物理、化学手段（如酸浸[82]、焙烧[83]、插层[84] 等）扩宽矿物基体层间距，提高孔隙率或扩大孔径以扩展基体装载空间，可获得高储热容量的复合相变储热材料。研究发现，埃洛石表面的多羟基分布特性有助于与石蜡等有机相变储热材料之间形成稳定的结合网络，另外，其高比表面积和石蜡插层效率促进了声子在埃洛石/石蜡结合网络中的热量传递，提高了材料的导热性能[85]。常见硅酸盐矿物基复合相变储热材料储热性能见表 3-3。

表 3-2 常见硅酸盐矿物孔结构特征

硅酸盐	形态	比表面积 /(m²/g)	孔径/nm	孔隙体积 /(cm³/g)
凹凸棒石/坡缕石	纤维	100～150	<2, 2～50	0.11～0.63
硅藻土	盘状/圆柱状	4～18	100～300（盘状），700～1000（圆柱状）	0.02～0.36
埃洛石	空心纳米管	<156	100～300（内径），10～20（壁厚）	
高岭石	杆状/薄片	约18	1×10^5～3×10^5	
蒙脱石/膨润土	薄片/板条	9～840	约20	0.05
珍珠岩	蜂巢状	1～20	5～1000，5×10^6～15×10^6	0.01
蛭石	薄片	4～16	<160	3.00～3.50
蛋白石	核心/粒装			
硅灰石	薄片/放射状/纤维			

表 3-3 常见硅酸盐矿物基复合相变储热材料储热性能

复合相变储热材料	相变材料的质量比	相变温度/℃	相变潜热/(J/kg)	参考文献
石蜡/酸浸煅烧凹凸棒石	58.8	23.1	126.1	[86]
石蜡/硅藻土/膨胀石墨（8%）	70.0	45.4	108.1	[87]
硬脂酸/硅藻土	28.6	52.3	57.1	[88]
硬脂酸/埃洛石纳米管	60.0	53.5	94.0	[89]
石蜡/埃洛石纳米管	65.0	57.2	106.6	[90]
硬脂酸/煤系高岭石	90.1	53.3	66.3	[91]
硬脂酸/活性微晶高岭土	47.5	59.9	55.1	[92]
RT20/有机改性蒙脱土	40.0	24.2	53.6	[93]
硬脂酸/月桂酸/膨胀珍珠岩	65.0	37.1	119.0	[94]
石蜡/膨胀珍珠岩	70.0	53.6	91.3	[95]
石蜡/膨胀蛭石	53.2	48.9	101.1	[96]
二元石蜡混合物/煅烧蛋白石	38.0	24.9	59.0	[97]
硬脂酸/硅灰石	86.9	53.5	58.6	[98]

第 4 章

相变储热矿物材料的制备、结构表征与性能测试

4.1 相变储热矿物材料的制备方法

4.1.1 物理复合

4.1.1.1 多孔无机载体复合法

传统的相变储热材料在实际应用中需要加以封装或使用专门的容器防止其泄漏，这不仅会增加热源设备与相变储热材料之间的热阻，降低传热效率，还会增加装置的重量。为解决上述问题，采用多孔介质吸附有机相变储热材料是目前应用较为广泛的定型技术。

采用多孔介质为支撑基体，装载相变储热材料到孔间，利用小孔尺寸、毛细管作用力、表面张力等将固—液相变储热材料固定在孔隙中间，完成相变过程而不泄漏。孔的结构特性及界面性质对相变储热材料的固定量以及所获得的复合相变储热材料的性能都具有一定的影响。多孔无机载体的种类繁多，物理结构表面孔隙丰富，常用的多孔材料有天然黏土矿物（如凹凸石棒[99]、膨润土、埃洛石[100]、珍珠岩[101]、蛭石[102]、硅藻土[103]）、多孔活性炭、泡沫金属等，此外，为增加复合相变储热材料导热系数，可以在其中添加一些高导热的石墨[103]、金属粒子[104] 等。

采用多孔无机载体作为相变储热材料的封装材料可使复合相变储热材料具有结构一体化的优势，解决固—液相变储热材料泄漏问题，节约空间，具有很好的经济性。此外，多孔介质还将相变储热材料分散为微小的个体，有效提高了其相变过程的换热效率。

1. 熔融浸渍法

熔融浸渍法制备矿物基复合相变储热材料是以高孔隙率无机多孔介质作为基体，通过毛细管力和表面吸附将相变储热材料进行固定，常用基体有二氧化硅、膨胀石墨、硅藻土等。此类方法所制得的矿物基复合相变储热材料稳定性好，在固—液相变中表现为宏观固相、微观液相。

Tang 等[64] 用二元脂肪酸共融混合物和硅藻土复合制备出导热性能好、热稳定性高的矿物基复合相变储热材料。合成了相变温度 26.8℃的软脂酸-癸酸混合二元酸，当相变储热材料在复合材料中的占比达 63.5％、膨胀石墨添加量为 5％时，测得该硅藻土基复合相变储热材料相变温度维持在 26.7℃左右。Konuklu 等[105] 选取了石蜡和月桂酸，得到熔化温度和相变潜热分别为 35.70℃和 62.08J/g 的海泡石基复合相变储热材料。Song 等[83] 在 400℃马弗炉中先将凹凸棒石煅烧 2 h 以获得表面布满沟槽的高比表面积纤维状活化凹凸棒石，吸附 50％硬脂酸-癸酸二元酸得到凹凸石棒基复合相变储热材料时熔融温度和相变潜热值分别为 21.8℃和 72.6J/g，经 1000 次热循环，可保持良好的热稳定性和化学稳定性。

2. 真空浸渍法

真空浸渍法制备矿物基复合相变储热材料通常将支撑基体与相变储热材料以一定的比例掺混倒入锥形瓶中，连通抽真空系统后抽真空至 −0.1MPa 保持 10min。然后将锥形瓶置于预设好相应温度的恒温水浴锅中 30min。之后，停止抽真空，使空气返回锥形瓶中，并维持水浴 5min。待冷却后，将样品取出，置于预设好相应温度的烘箱中，热过滤处理，以去除未被基体成功负载的过量相变储热材料。真空浸渍法制备矿物基复合相变储热材料的实验装置如图 4-1 所示。

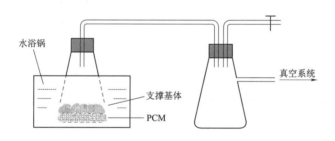

图 4-1 真空浸渍法制备矿物基复合相变储热材料的实验装置示意图

Li 等[99] 采用真空浸渍法将癸酸与软脂酸低共熔物作为相变材料，孔体积 0.1113cm³/g、比表面积 100.23m²/g 的凹凸石棒作为支撑基体，制得负载量为 35％的定形复合相变储热材料，该样品熔融温度和熔融焓分别为 21.71℃和 48.2J/g。李传常[106] 选取了 3 种不同形貌（片状、层状和棒状）的高岭土，采用真空浸渍法稳定石蜡，制备了定型复合相变储热材料 PK/paraffin、LK/paraffin 和 RK/paraffin。其中，PK/paraffin 的熔融和冷却潜热分别达到了 107.2J/g 和 105.8J/g。Li 等[103] 以二元脂肪酸 LA-SA 作为相变功能体制备获得最优装载量为 72.2％的硅藻土基复合相变储热材料，50 次相变循环后熔融潜热值与相变温度没有发生显著变化，相变温度维持在 31.17℃左右，这表明用微波酸改性后的硅藻土基体制备的复合相变储热材料具有良好的热稳定性。

4.1.1.2 压制烧结法

压制烧结法是制备矿物基高温复合相变储热材料常用的方法。首先需要将作为相变储热材料的无机盐与作为支撑基体的矿物材料分别球磨、过筛制成直径为纳米级的均匀粉末，然后将两者混合均匀加入一定量的添加剂压制成型，在马弗炉中设定需要的升温程序和保温工艺后烧制得到复合相变储热材料。

混合烧结法具有相变材料与支撑基体原料配比配方易控制、工艺简单、成本低等优点，方便实现在工业上开展大规模生产。

秦月[107] 选用粒径小于 0.0088 mm 的硫酸钠和硅藻土按需要的质量比例进行称重配比，并加入少量的淀粉作为黏结剂后压制成型。样品经过 1000℃烧结后，相组成仍为硅藻土与硫酸钠，获得 Na_2SO_4/硅藻土基复合相变储热材料。秦月等还利用硅藻土作为复合材料的骨架，负载硝酸钠，用压制烧结法制备了具有一定机械强度、较高储能密度的硝酸钠/硅藻土基复合相变储热材料，其储能密度随着硝酸钠含量的增加而成正比增加，硝酸钠与硅藻土质量比为 7:3 的试样储能密度高达 663J/g。

4.1.1.3 其他方法

Wang 等[92] 利用蒙脱石的导热特性和矿物结构特性，对比熔融浸渍法和溶液浸渍法制备的具有相同装载量的硬脂酸/蒙脱石复合相变储热材料储热性能，经 600 次热循环后，溶液浸渍法（−39.71%）相对熔融浸渍法（−0.59%）制备的复合材料潜热值变化量更大，相变时间更短。

为满足相变储热矿物材料在溶剂中溶解度好、预混物不易挥发、黏度适中等要求，研究人员提出了一些新的方法。热压成型法是将干燥的混合物压入模具中，在加热并同时加压的条件下，使相变储热矿物材料固定成型。Wu 等[108] 使用电加热机加热使液态的硬脂酸浸渍到膨胀石墨基体中，在膨胀石墨微孔毛细管力的帮助下产生松散的 EG/SA 复合相变材料，再将复合相变材料转移到立方体模具中压成稳定的块状，其孔隙率低，可显著提高复合相变材料的单位体积储能能力，几乎没有过冷现象，且导热系数具有明显的各向异性，轴向导热系数和径向导热系数的最大差达 4 倍，径向导热系数高达 23.27W/(m·K)。

模压成型法是在干燥的粉体中加入一定量的黏结剂或使用含一定水分的半干原料粉，混合后放入固定形状的模具中，然后在压力作用下，减小粉体间的相互作用力，破坏其拱桥现象，从而提高具有一定配比的原料粉体的结合力，减少气孔。秦月[107]将硅藻土、熔融盐和碳粉按一定的配比制成了 300℃、700℃和 900℃三个温度的新型相变储热矿物材料，其物理和机械性能都能达到要求，且可负载比纯二氧化硅更多的无机盐相变材料。其中硝酸钠和硅藻土按一定配比混合制备的中温复合相变储热材料的最大负载率可达 70%（质量百分数），相变潜热可达 115.79J/g。

也有研究者提出了多重约束法制备形状稳定的相变储热矿物材料，该方法以聚合物基的大孔为支撑基体。Xie 等[109] 首先将无机盐水合物共晶与多孔硅藻土结合，然后采用紫外辐射涂覆一层聚氨酯丙烯酸酯（PUA）进一步约束，以增强其形成稳定性，成功地解决了相变过程中结晶水的降解问题，该无机盐水合物/硅藻土复合相变储热材料具有显著的蓄热性能，在建筑室内热调节方面具有很大的潜力。

4.1.2 微米、纳米封装

微米、纳米封装是利用微胶囊技术将一层稳定的膜材料裹覆在微型固—液相变储热材料颗粒表面。相变储热材料在内部发生相变，外部膜层可防止相变储热材料泄漏，还可以有效增大传热面积，改善相变储热材料的热性能。根据微胶囊的形成机理，常见的制备方法有物理方法、物理化学方法和化学方法。

4.1.2.1 物理方法

易浩[110] 通过静电自组装原理将蒙脱石纳米片（MtNS）包覆至硬脂酸（SA）乳胶颗粒表面形成核壳结构的微胶囊复合相变储热材料（MtNS/SA），其对有机相变材料的负载量高达 88.88%（质量百分数），熔融与结晶相变潜热分别高达 181.04J/g 与 184.88J/g，MtNS 壁材对 SA 进行有效保护，阻止了在相变过程中相变储热材料发生泄漏的问题，提升了相变储热材料的结构稳定性能和热稳定性能。

4.1.2.2 物理化学方法

（1）凝聚法。凝聚法通常涉及使用两种或两种以上胶体。在凝聚过程中，壳材料从初始溶液中发生相分离，随后在反应介质中悬浮或乳化的芯材附近形成新的凝聚相。

（2）溶胶—凝胶封装。溶胶—凝胶封装是利用溶胶—凝胶化合技术，使无机或金属有机化合物进行水解、缩合化学反应，再进行干燥或烧结固化得到氧化物以及其他固体化合物的方法。Tang 等[111] 采用溶胶—凝胶封装，以多孔硅基材料为壳材料、聚乙二醇相变储热材料为芯材，在超声作用下，通过调整溶液酸碱度发生水解而形成凝胶，吸附聚乙二醇形成复合相变储热材料，定型效果较好，对相变储热材料的负载率达 56.64%（质量百分数），相应的熔化和凝固相变潜热分别为 102.8J/g 和 103.8J/g。

（3）液相插层法。液相插层法是插层剂在液态、溶液或熔融状态下进行的插层反应。根据插层剂的特点和插层反应的步骤可分为直接插层、两步插层和三步插层。直接插层，有机相变材料分子需能够直接插入矿物层间域（如高岭土层间域、蒙脱土层间域），反应一般需要高浓度和较长时间。两步插层对于不能进行直接插层的有机物，可用置换预插层体中有机小分子的方法制备出该有机物的插层复合体。三步插层反应需要的时间长，工艺繁琐，需要多次插层、固液分离、烘干，如何简化步骤、缩短时间是需要解决的重要问题。

邹栋等[112]以有机蒙脱石为载体材料，聚乙二醇/硬脂酸为相变储热材料，利用液相插层法制备出了聚乙二醇/有机蒙脱石以及硬脂酸/有机蒙脱石复合相变储热材料。当相变材料硬脂酸占比为50％时，复合相变储热材料的相变温度为54.56℃，相变潜热为79.8J/g，经100次热循环后仍具有良好的热稳定性。

4.1.2.3 化学方法

（1）乳液法。乳液法是在乳液聚合过程中，由于乳化剂和表面活性剂的存在，不溶性单体在连续的机械搅拌下均匀分散在连续相中，再通过以下方式在相变储热矿物材料芯材表面形成壳层：①自由基链长沉淀；②自由基对单体—膨胀乳化剂胶束的渗透；③自由基在介质中生长诱导繁殖。林森等[113]采用皮克林乳液法制备以改性蒙脱石为新型壁材，石蜡为芯材的相变微囊，石蜡含量为55％～80％的相变微囊的相变焓值为110.5～147.2J/g，且改性蒙脱石/石蜡微囊具有较好的热稳定性。

（2）原位界面聚合法。原位界面聚合法是将反应性单体（或其可溶性预聚体）与催化剂全部加入分散相芯材物质中，在分散相芯材界面间发生聚合反应，使预聚体聚合尺寸逐步增大沉积在芯材物质表面，从而将芯材包裹形成微胶囊壁。Zehhaf等[114]利用钠离子、铜离子和铁离子改性蒙脱石，然后将苯胺单体插入到不同阳离子改性的蒙脱石层间中，进行氧化聚合，制备了一系列聚苯胺/蒙脱石纳米复合材料（PANI/M），基于热重分析，纳米复合相变储热材料中的聚苯胺链比纯聚苯胺链具有更高的热稳定性。王明浩等[115]在高岭石稳定的水/石蜡乳液界面处通过引发异佛尔酮二异氰酸酯和水发生聚合反应，成功获得了高岭石聚脲囊壁包封石蜡芯材的相变微胶囊，封装率达85.3％，相变温度点为49.6℃，热分解温度为218℃，相变潜热高达175.7J/g。

（3）化学气相沉积法。化学气相沉积法是利用气态或者蒸汽态的物质在气相或气固界面上发生反应生成固态沉积物的过程。该方法通常能够得到纯度高、致密性好、残余应力小、结晶良好的薄膜镀层。其过程分为3个重要阶段：反应气体向基体表面扩散；反应气体吸附于基体表面；在基体表面上发生化学反应形成固态沉积物及产生气相副产物脱离基体表面。

Li等[116]采用化学气相沉积法在鳞片石墨基底上定向生长CNF，再通过"化学键合"结合石墨和膨润土。不仅加强界面耦合，还提供附加储热空间，实现了膨润土基复合相变储热材料储热容量与导热系数的协调强化。

4.2 相变储热矿物材料的表征方法

为了获得储热特征明显的支撑基体，需要对材料的结构特征、表面形貌、界面性质等物化特性进行表征；为了获得性能优良的储热材料，满足实际应用需求，需要对所制备的复合相变储热材料,包括相变过程、相变温度、相变潜热值、储放热速率、储放热循环等在内的储热性能进行测试。

4.2.1　X-射线衍射分析

X-射线衍射分析(X-ray diffraction,XRD)通过表征材料的特征衍射峰可以确定物相组成,获取晶体结构参数。不同的物质在特定衍射角度下会有不同的衍射峰,不仅可以用来判定单一物相组成,而且能够根据衍射峰的行为判断是否发生了物相变化;测定复合物的物相组成,并大致估计组分含量高低;了解材料的结晶情况,判断材料复合后是否影响相变材料结晶度;层状样品可以通过晶格间距来测定层间距的变化趋势。

4.2.2　傅里叶红外光谱分析

化合物中组成化学键的原子处于不断振动状态,该振动行为能够吸收特定波长的红外光,这是傅里叶红外光谱分析(Fourier-transform infrared spectroscope,FT-IR)的基础。因此,可以通过红外光谱获得振动信号,分析出材料化学键的组成,判定是否发生化学反应以及化学性质是否稳定等。测试过程中,需将 KBr 和样品按照(100~200):1 质量比例研磨粉碎,压制成片,加入压片中的样品质量≤1%,以增加窗片的透光度。

4.2.3　扫描电子显微镜分析

扫描电子显微镜(scanning electron microscope,SEM)用来观察材料表面形貌特征,颗粒尺寸等,有助于表征支撑基体的微结构。此外,利用 EDS 能谱仪(energy dispersive spectrometer,EDS)对微区元素进行扫描,获取元素含量从而初步确定物质化学成分。依据元素颜色衬度 Mapping 图获取元素的分布情况,半定量判定表面物质的组成。

4.2.4　X 射线光电子能谱分析

X 射线光电子能谱分析(X ray photoelectron spectroscopy,XPS)是基于光电离作用的原理,测试过程中,位于原子轨道的电子吸收光子而脱离原子核束缚,从原子内部发射出来成为自由光电子。该测试方式能够分析样品表面深度 10 nm 左右的分子结构和原子价态信息。对表面微小区域及深度的元素组成、含量、化合结合状态、化学键等进行定性、半定量分析,灵敏度极高。

4.2.5　N_2 吸附—脱附曲线分析

N_2 吸附—脱附曲线测试(Brunauer-Emmett-Teller,BET)用于测定支撑基体

材料的孔隙率、孔径分布、比表面积等孔结构特征参数。获得的吸附—脱附曲线，可用于表述支撑基体储热特征，有助于分析微孔结构对最终复合相变储热材料的储热性能的影响。

4.2.6　原子力显微镜分析

原子力显微镜（atomic force microscope，AFM）可用于观察超薄片状物质的层厚及平整度，是测定石墨烯等层厚的有效方法。不同层数的材料会发生颜色深浅的变化，越薄的材料会呈现出与基底相似的颜色，因而可以通过颜色的变化来初步辨别层厚以及表面粗糙度，继而通过对图上某一线位置进行扫描，从而测定实际层厚。

4.2.7　拉曼分析

拉曼光谱（Raman spectra）一般用于物质的定性分析、高度定量分析、测定分子结构。对支撑基体微结构的表征具有重要作用，可以大致分析材料内部的缺陷程度，还可以采集层状支撑基体的层厚信息。

4.3　相变储热矿物材料的性能测试

4.3.1　差示扫描热量法分析

差示扫描热量法（differential scanning calorimeter，DSC）对物质在低温区域即低于物质分解温度的范围内进行热量扫描，获得物质热焓—温度曲线。对曲线中峰位置区段，即储放热过程段进行积分，计算得到相变潜热值；同时从初始端开始对曲线最大斜率处划线，与基线的交点即为相变点；通过测定样品的多次储放热循环曲线，判定复合材料的循环稳定性。实验过程中，升温降温速率选择为5℃/min，不宜过高或过低。升温速率会影响差示热量扫描的结果，速率过高会使物质内外温度分布不均，出现滞后或过热现象，因而在允许的低升温速率范围内进行测试，样品才能更接近热平衡状态。

4.3.2　热重分析

热重分析（thermogravimetric analysis，TGA）通过将物质在一定的升温速率下升至较高温度，获得质量与温度的变化关系曲线。物质在煅烧或高温热处理过程当中可能会发生吸附水的脱附、晶型转变、物质的分解或新物相的生成，并伴随质量的变化。因此通过测定物质的物理化学变化来确定其物相演变，是判定物质热稳定以及高温分解性能的一种直观测试手段。

4.3.3 导热系数

导热性能是描述复合相变储热材料储放热速率的性能参数，也是判定支撑基体储热特征优良的关键指标。采用导热系数测试仪测定样品导热系数。

4.3.4 储放热性能

储放热性能是评价相变储热材料非常重要的性能指标，是导热系数最为直观的表现。通过设计的储放热性能测试平台（图 4 - 2），对材料进行测试，可以直观地比较制备的复合材料的储放热速率。测试的具体过程如下：待测样品装入圆柱形测试管内，管中心处安装连接无纸化记录仪的热电偶，容器开口处隔热密封以防止热量散失。

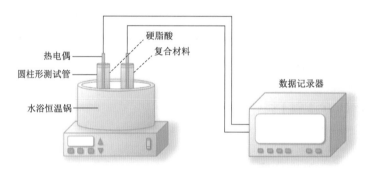

图 4 - 2　储放热性能测试装置示意图

（1）储热测试过程：将两支初始温度一致的测试管同时置于一定温度的水浴恒温锅中，用记录仪记录样品的升温速率曲线。

（2）放热测试过程：完成储热过程测试后，马上将两支温度基本一致的样品测试管移出水浴恒温锅，于水浴条件下冷却，两者最终温度达到一致，记录为样品冷却速率曲线。

4.3.5 瞬态温度响应

瞬态温度响应行为是判定样品导热性能的另一项指标。在升温降温过程当中，利用红外热像仪（图 4 - 3）记录样品不同时刻的温度变化，再以颜色的形式从视觉上直观表现出来，实现温度具体化。测试开始时，加热板温度设定为稍高于相变点的温度并基本维持稳定。

（1）加热过程，装有纯相变材料以及复合材料的模具被同时放置于温度恒定的石墨烯板上，样品加热升温至设定温度附近过程中，红外热像仪每隔一段时间记录样品状态。

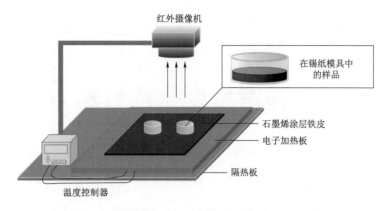

图 4-3 瞬态温度响应行为加热过程的测试装置示意图

（2）降温过程，两个装有样品的模具在加热过程结束后被同时移置于另一块低温石墨烯板上冷却至室温，用红外热像仪每隔一段时间记录样品状态。

石墨基相变储热材料

　　基于相变储热材料在建筑节能、工业废热利用、太阳能热发电等领域的应用需求，当前研究主要着力于提升储能密度和导热系数两个性能指标。无机水合盐、有机石蜡类、脂肪酸类等的固—液相变材料因具有良好的储能密度及相变温度成为了应用主流[49]，然而低导热问题和相变过程易泄漏的缺陷制约着该类型材料的应用与发展。因此，为强化相变材料导热性能，采用石墨和金属等高导热粒子作为导热提升材料[117]。为扩大复合相变储热材料的储热容量，通过支撑基体法或微胶囊法制备定型复合相变储热材料。

　　多孔基复合相变储热材料的制备是相对众多定型复合相变储热材料制备方法之中较为简易、高效与低成本的方法。据文献调研，研究集中在以多孔矿物为支撑基体的复合相变储热材料[83,104,118-119]，在材料结构与储热性能的关系之间有着一定的理论基础。然而，基于微结构、界面性质等对储热性能影响方面的研究依旧不够系统。故从储热材料的支撑基体出发，在传统材料的基础上挖掘矿物新的特征，以实现包括高导热系数及高储存空间在内的基体储热特征，为相变材料在储能领域的应用提供技术基础。

　　石墨是具有独特的层状结构、高导热系数、耐腐蚀、性质稳定的天然矿物，可用作多孔基复合相变储热材料的支撑基体。为了更好地发挥储热特征优势，天然石墨被加工设计成了多种具有不同物理结构或化学性质的石墨基材料，如层空间被极度扩大的膨胀石墨、不同剥离层厚的石墨纳米片、表面化学活性较高的氧化石墨等。通过加工设计的石墨基体材料不仅拥有石墨的高导热性质，而且具有更好的相变储热材料吸附率或装载空间。

5.1　石墨表面改性强化储热性能的研究

　　天然鳞片石墨（flake graphite，FG）具有很好的导热性能、化学稳定性及独特的层状结构。其经过深入加工，又可以生产出其他众多产品，如膨胀石墨、石墨烯等。鳞片石墨作为支撑基体已被应用到定型复合相变储热材料中。Marín 等[120] 将石蜡直接浸渍于石墨中获得定型复合相变储热材料。尽管目前通过分析材料结构对储热性能的影响已建立了一定的研究基础，然而支撑基体进行结构改型的研究理论依旧不够完善，关于表面改性对储热性能的影响更是缺乏一定的文献支持。

本节选用鳞片石墨为研究对象，硬脂酸为相变储热材料，综合考虑制备过程的简易性、原料来源广泛性、环境友好性、经济效益成本，以一种温和的路线对鳞片石墨进行表面改性后，再以此为支撑基体负载硬脂酸制备定型复合相变储热材料。重点探究了鳞片石墨表面改性对定型复合相变储热材料储热性能的影响，并揭示其影响机制。

5.1.1　实验内容与测试表征

本节采用 32 目原矿鳞片石墨，对其进行微波－H_2O_2 表面改性后负载硬脂酸相变材料，制备定型复合相变储热材料。具体材料制备实验步骤如下：

（1）微波－H_2O_2 表面改性鳞片石墨：所有原料先于 105℃ 干燥箱中干燥 2 h。将 3 份 8g 鳞片石墨分别置于 100g 30％ 的 H_2O_2 溶液中，700W 微波条件下反应 1min、5min、9min，冷却后真空抽滤，再置于 60℃ 恒温环境下干燥 24h，获得改性鳞片石墨产品。将未改性鳞片石墨、改性时间为 1min、5min、9min 的鳞片石墨产品分别命名为 FG_r、FG_1、FG_2、FG_3。

（2）定型复合相变储热材料制备：采用真空浸渍法，选择相变潜热值高、成本低廉的硬脂酸（stearic acid，SA）为相变储热材料。按设定的质量（10g：5g）称取硬脂酸和鳞片石墨，混合均匀后置于锥形瓶中。常温下，利用真空泵将锥形瓶抽真空至 －0.1MPa 并维持 5min，然后将锥形瓶在 95℃ 恒温水浴条件下反应 30min，再于 80℃ 加热型超声水浴装置中超声 5min，最后将压力恢复至常压。将制备的材料在 80℃ 温度下热过滤 5h，以除去多余硬脂酸得到硬脂酸/鳞片石墨（SA/FG）定型复合相变储热材料。通过采用不同的基体分别制备了复合相变储热材料 SA/FG_r、SA/FG_1、SA/FG_2、SA/FG_3。

（3）实验表征的测试手段：采用 XRD 表征样品的物相和晶体结构；利用 SEM 观察样品的表面形貌特征；使用 TG－DSC 热重分析了材料热稳定性及复合相变储热材料装载量；采用 DSC 获得复合相变储热材料储热容量等相变信息，测试材料多次储放热循环性能；通过 N_2 吸附－脱附实验测定了材料孔结构特征；采用 XPS 分析材料表面化学性质；采用导热系数测试仪测定材料导热系数；使用设计的储放热测试平台探究储放热性能。

5.1.2　结果分析与讨论

5.1.2.1　晶体结构

图 5－1 是不同微波－H_2O_2 改性时间下鳞片石墨支撑基体和相应的复合相变储热材料的 XRD 图谱。由图 5－1（a）可知，四种不同改性程度鳞片石墨的 XRD 衍射峰在石墨的 PDF 标准卡片中均可找到：$2\theta = 26.6°$ 和 $54.7°$ 位置为石墨的两个特征衍射

峰[121-122]。负载硬脂酸相变储热材料后［图 5-1（b）］，复合相变储热材料的 XRD 图谱中不仅存在硬脂酸的特征衍射峰（$2\theta=21.5°$、$23.8°$），也存在石墨的特征衍射峰，但没有新材料的特征峰出现，说明在硬脂酸装载进支撑基本过程中，鳞片石墨和硬脂酸之间没有发生化学反应，即没有新物质的生成，证明硬脂酸是简单装载进支撑基体之间。此外，复合材料中硬脂酸的结晶性不仅相对鳞片石墨要弱，且衍射峰强度要低于纯硬脂酸，这是由于硬脂酸被紧紧吸附在鳞片石墨结构当中，从而造成了衍射峰强度的下降[123]。

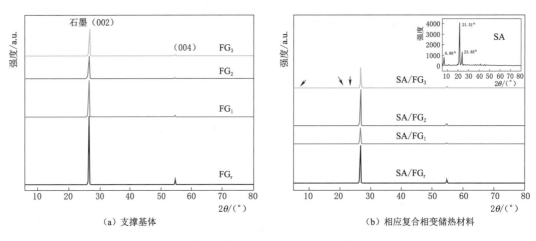

（a）支撑基体　　　　　　　　（b）相应复合相变储热材料

图 5-1　不同改性时间支撑基体和相应复合相变储热材料的 XRD 图谱

5.1.2.2　形貌特征

为了深入了解表面改性过程对鳞片石墨晶体结构的影响，通过软件计算并分析了不同改性程度鳞片石墨的晶格常数和晶面间距。层状石墨中不同网平面上碳原子之间的垂直距离即为层间距，石墨的理论层间距为 3.35 Å。表 5-1 为石墨（002）面的晶体参数，（002）面对应的 2θ 峰随改性时间的增加发生左移，从未改性基体的 $26.559°$ 变化至 $26.361°$，晶面间距也从对应的 3.3534 Å 增加至 3.3781 Å，数据表明微波—H_2O_2 作用导致了晶格畸变，鳞片石墨的晶格常数、晶面间距随改性时间的增加而变大。由此可知，微波—H_2O_2 表面改性过程能够在一定程度上扩充鳞片石墨的层间距，有利于硬脂酸的进入。

表 5-1　　　　　　　　　不同改性时间鳞片石墨的晶体结构参数

样品	$(hkl)^*$	$2\theta/(°)$	$d/Å$
FG_r	002	26.559	3.3534
FG_1	002	26.520	3.3583
FG_2	002	26.519	3.3584
FG_3	002	26.361	3.3781

* hkl 是指晶体结构中的 Miller 指数，也称为晶面指数。对应的是倒空间中以三个倒基矢为基底的向量。

图 5-2 为 FG_r、FG_3 支撑基体和 SA/FG_r、SA/FG_3 复合相变储热材料的 SEM 图。可以清晰地看到原矿 FG_r 表面相对平整，整体结构完整，无明显缺陷和裂纹 [图 5-2 (a)]；经改性后的 FG_3 样品表层整体结构碎裂且边缘缺陷增多，该种结构的变化能够为硬脂酸提供更多的储存空间 [图 5-2 (b)]；负载硬脂酸后 [图 5-2 (c)、图 5-2 (d)]，SA/FG_r 复合相变储热材料表面几乎难以观察到硬脂酸存在，其形貌特征与未负载前相差不大；SA/FG_3 复合相变储热材料中，大量硬脂酸吸附在支撑基体的表面及层间。由于制备过程中未改性基体表面过于光滑、整体结构过于完整，使硬脂酸附着难度加大，吸附空间不够，微波 $-H_2O_2$ 表面改性能够在一定程度上增加基体表面裂纹及粗糙度，通过改变材料的微结构增强吸附量。

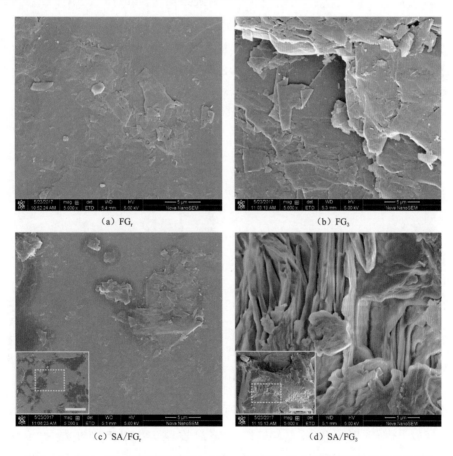

(a) FG_r (b) FG_3

(c) SA/FG_r (d) SA/FG_3

图 5-2　FG_r、FG_3 支撑基体和 SA/FG_r、SA/FG_3 复合相变储热材料的 SEM 图

5.1.2.3　装载量与热稳定性

对支撑基体的结构特征做出初步表征后，需要对相应复合相变储热材料的储热特征进行进一步测试，首先验证复合相变储热材料的装载量。制备过程中，经热过滤操作除去样品中不能被固定的多余硬脂酸，此时硬脂酸在复合相变储热材料中的含量为

最大装载量 β，即

$$\beta = \frac{m_{PCM}}{m_{PCM} + m_{support}} \times 100\% \qquad (5-1)$$

式中　β——相变储热材料装载量，%；

$\quad m_{PCM}$——装载进复合相变储热材料的相变储热材料质量，kg；

$\quad m_{support}$——支撑基体材料质量，kg。

测试过程中，将硬脂酸和复合相变储热材料在氮气保护下从 30℃ 加热至 600℃，获得样品的 TG 和高温 DSC 曲线。硬脂酸在复合相变储热材料中的装载量可由 TG 曲线失重率确定 [图 5-3（a）]，测试结果显示，样品 SA/FG$_r$、SA/FG$_1$、SA/FG$_2$、SA/FG$_3$ 的失重率分别为 18.36%、21.47%、27.35%、32.40%，随着基体改性时间的增加复合相变储热材料的装载量增加，改性时间越长，复合相变储热材料的装载量越高。该现象同时验证了 SEM 观察结果：相对未改性的支撑基体，经改性后的样品能吸附更多的硬脂酸。

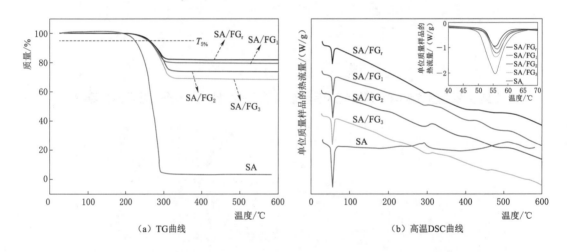

（a）TG曲线　　　　　　　　（b）高温DSC曲线

图 5-3　硬脂酸和复合相变储热材料的 TG 曲线和高温 DSC 曲线

热稳定性对材料实际应用中的使用条件具有十分重要的指导意义，样品初始分解温度 T_o、5% 失重率时温度 $T_{5\%}$、最终分解温度 T_e 可用来判断热稳定性。如图 5-3（a）中所示，纯硬脂酸和复合相变储热材料的初始分解温度分别为 $T_o \approx 180℃$，$T_o \approx 230℃$；分解率为 5% 时温度分别为 $T_{5\%} \approx 223℃$，$T_{5\%} \approx 262℃$；最终分解温度分别为 $T_e \approx 290℃$，$T_e \approx 300℃$。硬脂酸在各阶段分解温度均低于复合相变储热材料温度，结果表明，复合相变储热材料相对纯硬脂酸相变储热材料拥有更好的热稳定性。由于复合样品在 200℃ 不存在分解现象，热稳定性能良好，因而在低温储热领域具有很好的应用潜力。图 5-3（b）中，曲线在 300℃ 左右出现跳跃，此时硬脂酸已基本分解完毕留下鳞片石墨的显热储热，因而引起了热流值变化。另外，可以观察到复合材料的熔融相变温度范围为 50～58℃，通过对相变过程温度区段进行积分可以得到相应相变潜热值，且潜热值随硬脂酸装载量的升高而升高，为了获得更为精准的相变温度和潜热值，对样品做 DSC 扫描来进一步验证该结果。

5.1.2.4　储热容量

图 5-4 是硬脂酸和四种复合相变储热材料的 DSC 曲线。相变温度是决定相变储热材料应用范围的主要参数之一。从相变峰起始端开始最大斜率处的切线与基线的交点为相变温度。储热和放热过程中（图 5-4），硬脂酸只分别存在一个相变峰，对应相变温度为 52.90℃ 和 53.10℃，同样的，复合相变储热材料也只分别存在一个相变峰，对应温度范围是 50～58℃ 的熔化过程和 48～54℃ 的冷却过程。此外，复合相变储热材料的峰形近似于纯硬脂酸，说明复合相变储热材料具有和硬脂酸相似

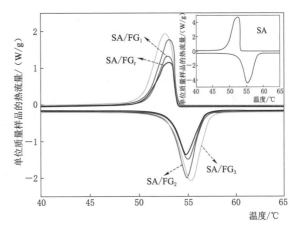

图 5-4　硬脂酸和复合相变储热材料的 DSC 曲线

的相变行为，真空浸渍制备过程中硬脂酸与鳞片石墨基体之间无化学反应发生。

表 5-2 为对应的热性能参数。储热容量是衡量相变储热材料储存热量能力的重要技术指标，影响相变储热材料的储能效率。相变潜热值是 DSC 曲线在相变温度区间内的积分面积。计算结果见表 5-2，复合相变储热材料相变潜热值总体低于硬脂酸，且随装载量的增加而升高：硬脂酸熔融和冷却潜热值分别为 191.6J/g 和 190.0J/g，复合相变储热材料的熔融和冷却潜热值分别为：34.10J/g 和 34.09J/g（SA/FG$_r$）；38.60J/g 和 27.17 J/g（SA/FG$_1$）；50.34J/g 和 50.20 J/g（SA/FG$_2$）；61.05J/g 和 61.00 J/g（SA/FG$_3$）。此外，微波－H$_2$O$_2$ 表面改性通过对基体产生作用从而影响硬脂酸的装载量：SA/FG$_1$、SA/FG$_2$、SA/FG$_3$ 的熔融潜热值是 SA/FG$_r$ 的 113.2%、147.6%、179.0%。不仅如此，复合相变储热材料潜热值不仅低于纯硬脂酸且都低于各自理论值（表 5-2），前者是由于硬脂酸在复合相变储热材料的占比导致潜热值的下降，后者则应考虑硬脂酸在支撑基体间的结晶行为，需研究复合相变储热材料中硬脂酸的结晶度与相变潜热的关系。

结晶度通常被用来描述复合相变储热材料中导致相变潜热值下降的相变储热材料和支撑基体之间的相互作用，结晶度的计算公式为[124-126]

$$F_c = \frac{\Delta H_{composite}}{\Delta H_{PCM}\beta} \times 100\% \tag{5-2}$$

式中　F_c——结晶度，%；

　$\Delta H_{composite}$——复合相变储热材料相变潜热值，J/g；

　　ΔH_{PCM}——纯相变储热材料的相变潜热值，J/g；

　　　β——相变储热材料在复合相变储热材料中的装载量，%。

表 5 - 2　　　　　　　　　硬脂酸和复合相变储热材料的热性能参数

样品	装载量 /%	熔融温度 T_m/℃	熔融潜热 ΔH_m /(J/g)	冷却温度 T_m/℃	冷却潜热 ΔH_m /(J/g)	理论潜热值 $\Delta H_m(\Delta H_{th})$ /(J/g)	结晶度 F_c /%	硬脂酸单位 质量能效 E_{ef} /(J/g)
SA	100	52.90	191.6	53.10	190.0	—	100	—
SA/FG$_r$	18.36	53.10	34.10	53.64	34.09	34.18	99.76	191.1
SA/FG$_1$	21.47	53.13	38.60	53.69	38.17	41.13	93.85	179.8
SA/FG$_2$	27.33	53.16	50.34	53.70	50.20	52.36	96.14	184.2
SA/FG$_3$	32.40	53.24	61.05	53.73	61.00	62.08	98.34	188.4

注：1. $\Delta H_{th} = \Delta H_{pure}\beta$，$\Delta H_{pure}$ 为纯样品潜热值，β 为装载量。

　　2. $E_{ef} = \Delta H_{pure}F_c$。

　　表 5 - 2 中的计算结果说明，硬脂酸在复合相变储热材料 SA/FG$_3$（98.34%）中的结晶度高于在 SA/FG$_1$（93.85%）和 SA/FG$_2$（96.14%）中的结晶度。据文献报道[124,127]，复合相变储热材料中同时存在有序和无序的硬脂酸，由于长烷烃链被限制在微小的空间，使得该部分被限制的硬脂酸不能完全地熔融和结晶而成为无序硬脂酸，无法达到释放与存储热量的目的，从而造成潜热值的下降。基于结晶度，可以计算出复合相变储热材料中硬脂酸单位质量储能密度 E_{ef}，在 SA/FG$_1$、SA/FG$_2$、SA/FG$_3$ 三种由改性基体制备得到的复合相变储热材料中，SA/FG$_3$ 拥有最高的单位质量储能密度（188.4%）。

5.1.2.5　孔结构的影响机制

　　为了进一步探究装载量及储热容量提升的原因，揭示表面改性对复合相变储热材料储热性能的影响，采用 N$_2$—吸脱附曲线表征了鳞片石墨经不同改性时间处理后的微孔结构变化，揭示微孔结构对复合相变储热材料储热性能的影响机制。图 5 - 5 为鳞片石墨支撑基体的 N$_2$ 吸附—脱附曲线和 BJH 孔径分布曲线，表 5 - 3 为 BET 比表面积和孔容数据参数。由表可得，经微波—H$_2$O$_2$ 表面改性后的支撑基体 FG$_1$（1.099 m^2/g）、FG$_2$（1.154 m^2/g）、FG$_3$（1.277 m^2/g）的比表面积大于未改性原矿 FG$_r$（0.824 m^2/g）的，且随着改性时间的增加而增大。比表面积的升高与鳞片石墨基体孔隙和裂纹的增加有关，支撑基体比表面积越大，为硬脂酸提供的吸附点越多，因此 SA/FG$_3$ 的装载量比 SA/FG$_r$ 高出 14.04%，储热容量也更大。另外，实验测得 FG$_r$、FG$_1$、FG$_2$、FG$_3$ 的总孔容值差异较小，分别为 0.00432cm^3/g、0.00467cm^3/g、

$0.00427cm^3/g$、$0.00425cm^3/g$，这说明改性行为对孔容（$1.7\sim300.0\ nm$ 范围内）的影响极小。

表 5-3   鳞片石墨支撑基体的孔参数

样品	BET 比表面积/(m^2/g)	总孔容/(cm^3/g)（直径 $1.7\sim300.0\ nm$）
FG_r	0.824	0.00432
FG_1	1.099	0.00467
FG_2	1.154	0.00427
FG_3	1.277	0.00425

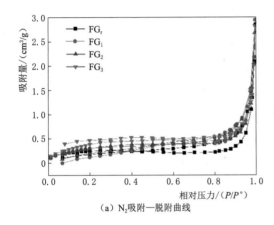

（a）N_2 吸附—脱附曲线

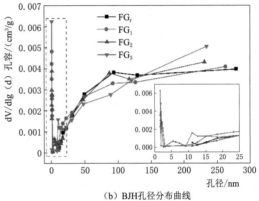

（b）BJH孔径分布曲线

图 5-5   不同改性时间鳞片石墨支撑基体

图 5-5（b）中，FG_r 样品几乎不存在小于 $10nm$ 的孔径，经微波—H_2O_2 改性后，FG_1、FG_2、FG_3 在该孔径范围内出现了孔结构，且随改性时间的增加孔径朝更大的方向发展：$FG_1<2.5nm$，$FG_2<9nm$，$FG_3>9nm$。文献［127］和文献［128］指出，小尺寸孔径会导致强毛细管作用力，吸附在孔隙中的硬脂酸被小孔限制而不能结晶。因而拥有更大孔径支撑基体的 SA/FG_3 复合材料比 SA/FG_1 和 SA/FG_2 中存在更多自由运动的硬脂酸，结晶度也更高[78]。

5.1.2.6 表面改性机理与循环稳定性

已知在支撑基体和相变储热材料之间存在毛细管作用力、表面极性、范德华力、氢键等相互作用力[106]。为了揭示表面改性机理，探究表面性质对硬脂酸吸附量的影响，对鳞片石墨表面进行了 XPS 分析。图 5-6 为鳞片石墨改性前后的 XPS

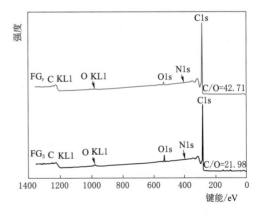

图 5-6   改性前后鳞片石墨支撑基体的
XPS（X射线光电子能谱）全谱扫描图

全谱扫描图，表 5-4 为对应鳞片石墨表面 C、N、O 元素的占比；图 5-7 为 FG$_r$、FG$_3$ 样品的 C1s 和 O1s 窄扫描谱，表 5-5、表 5-6 为对应窄谱分峰结果。由全谱扫描可知，鳞片石墨表面主要元素为 C 元素，经改性后，表面 C 元素占比由 97.37% 下降为 94.96%（表 5-4），C/O 比例由 42.71% 下降为 21.98%，结果表明微波—H$_2$O$_2$ 表面氧化改性有利于增加鳞片石墨表层 O 元素的含量。为进一步分析材料表面性质的变化，对 C1s（284.98 eV）和 O1s（531.88 eV）的窄谱进行分峰拟合，以判定元素的组成形态。表 5-5 中，位于 284.18eV、284.98eV、286.08eV、287.26eV、288.98eV 处的结合能分别对应 C═C（sp^2）、C—C（sp^3）、C—O、C═O、COOH 官能团[129-130]，与表 5-6 中结果大致相符。与原矿 FG$_r$ 相比，FG$_3$ 样品中 C—O 和 COOH 的官能团含量增加，而 C═C 和 C—C 官能团含量减少，结果证明在微波辐射和 H$_2$O$_2$ 的协同作用下鳞片石墨表面被成功氧化改性。因而，根据分子间作用力，硬脂酸为极性分子，石墨为非极性物质，未改性之前两者不易连接，经改性后，鳞片石墨表面极性增强，在极性作用下，硬脂酸更容易被连接到鳞片石墨表面。

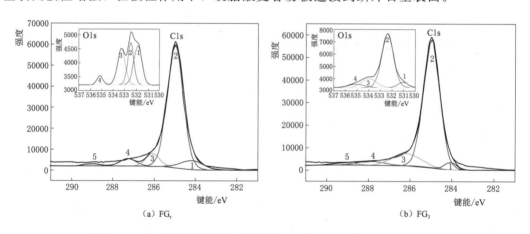

（a）FG$_r$ （b）FG$_3$

图 5-7   不同改性时间鳞片石墨支撑基体的 C1s 和 O1s 窄扫描谱图

表 5-4   微波—H$_2$O$_2$ 改性前后鳞片石墨表面 C、N、O 元素含量

样品	元素含量/%			C/O/%
	C	O	N	
FG$_r$	97.37	2.28	0.35	42.71
FG$_3$	94.96	4.32	0.72	21.98

表 5-5   微波—H$_2$O$_2$ 改性前后鳞片石墨表面官能团含量（C1s 分峰拟合）

样品	峰 1（C═C）（sp^2）	峰 2（C—C）（sp^3）	峰 3（C—O）	峰 4（C═O）	峰 5（COOH）
	284.18eV	284.98eV	286.08eV	287.26eV	288.98eV
FG$_r$/%	7.98	78.36	7.34	4.62	1.71
FG$_3$/%	3.20	77.60	13.21	3.89	2.11

表 5-6　　　　微波—H_2O_2 改性前后鳞片石墨表面官能团含量（O1s 分峰拟合）

样品	峰 1（C=O）531.88eV	峰 2（C—O；Ar—OH）532.48eV	峰 3（C—O—C）533.28eV	峰 4（COOH）535.18eV
FG_r/%	34.17	27.62	31.72	6.49
FG_3/%	5.98	72.14	15.24	6.63

基于表面官能团的改变，对硬脂酸、FG_3、SA/FG_3 进行了红外分析。图 5-8 为测得的 FTIR 光谱图，FG_3 图谱上出现了晶间—OH 伸缩振动（3695cm⁻¹、3565cm⁻¹）、自由水—OH 振动（3410cm⁻¹）、—OH 的变形（弯曲）振动（918cm⁻¹）[118] 模式。在纯硬脂酸图谱中，2500～3500cm⁻¹ 为—OH 伸缩振动峰，其中，在这个范围内还存在—CH 伸缩振动峰（2916cm⁻¹、2850cm⁻¹）。除此之外，纯硬脂酸图谱中的其余特征

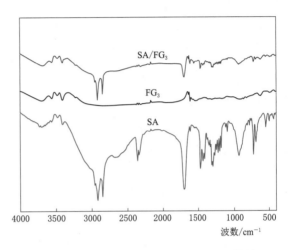

图 5-8　SA、FG_3、SA/FG_3 的 FTIR 图谱

峰为：C=O 伸缩振动峰（1705cm⁻¹）、—OH 面外弯曲振动峰（933cm⁻¹）、—OH 面内摇摆振动峰（720cm⁻¹）。改性后的鳞片石墨表面含氧官能团增多导致氢键增多，FTIR 结果中样品对应存在明显的—OH 吸收峰，因而在硬脂酸和鳞片石墨之间形成氢键的可能性很大：一个强氢键在 FG_3 样品的 918cm⁻¹ 位置（—OH）和硬脂酸样品 933cm⁻¹ 位置（—OH）之间生成[92,94]，形成桥连"通道"。根据分子间作用力，氢键能够加强石墨与硬脂酸的结合从而增加负载量，表面改性提升复合相变储热材料储热性能机理如图 5-9 所示。

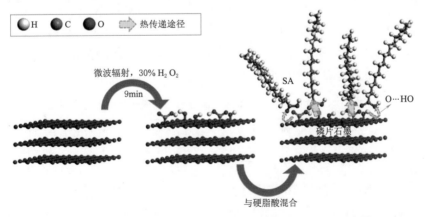

图 5-9　表面改性提升复合相变储热材料储热性能机理示意图

对复合相变储热材料的循环稳定性进行了测试。图 5 - 10 为 SA/FG$_3$ 复合相变储热材料的 50 次和 100 次热循环 DSC 曲线图，与未循环相比，50 次循环时样品的熔融和冷却潜热值分别变化了 0.019％ 和 −0.033％，100 次时分别变化了 −0.016％ 和 −0.049％，变化程度小于仪器精度±0.05％。经多次热循环后，复合相变储热材料的潜热值和相变温度变化微小，储热性能基本没有发生变化，具有良好的循环稳定性。

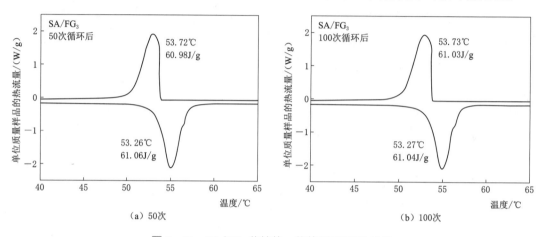

图 5 - 10　SA/FG$_3$ 的储热—放热循环 DSC 曲线

5.1.2.7　导热性能和储放热性能

导热性能是评价相变储热材料存储与释放热量的速率的重要参数，是决定储能效率的关键之一。支撑基体及其相应复合相变储热材料的导热系数见表 5 - 7。由表可知，支撑基体 FG$_r$、FG$_1$、FG$_2$、FG$_3$ 的导热系数分别为 5.47W/(m·K)、4.81W/(m·K)、4.47W/(m·K)、4.35W/(m·K)，且随着改性时间的增加导热系数开始下降。根据声子导热原理，材料缺陷、晶面间距的扩大会在一定程度上造成声子的散射，降低材料导热系数，随改性时间的增加，支撑基体缺陷增多，因而导热系数值呈下降趋势。复合相变储热材料的导热系数分别为 4.08W/(m·K)、3.83W/(m·K)、3.66W/(m·K)、3.18W/(m·K)，呈下降趋势，不仅因为基体导热系数值降低，也归因于基体在复合相变储热材料中所占比例的下降。此外，和纯硬脂酸的导热系数［0.26W/(m·K)］相比，复合相变储热材料 FG/SA$_3$ 的导热系数是纯硬脂酸的 12.23 倍，结果表明，鳞片石墨的加入能在很大程度上提高相变储热材料的导热系数。

表 5 - 7　　微波—H$_2$O$_2$ 改性前后支撑基体及其复合相变储热材料的导热系数

样品	FG$_r$	FG$_1$	FG$_2$	FG$_3$	SA/FG$_r$	SA/FG$_1$	SA/FG$_2$	SA/FG$_3$
λ/[W/(m·K)]	5.47	4.81	4.47	4.35	4.08	3.83	3.66	3.18

为了探究导热系数对储放热性能的影响，设计了一个储放热平台用以测试材料在 27～70℃ 的温度范围内的储放热过程。图 5 - 11 为硬脂酸和 SA/FG$_3$ 样品的吸热—放

热过程温度—时间曲线图，由图可知，SA/FG$_3$具有比硬脂酸更快的升温降温速率。熔融加热过程中，硬脂酸达到熔化温度点附近的时间大约为 185s，达到最终平衡温度大约为 489s，对复合材料而言，55s 达到相变点附近，191s 的时候达到平衡温度附近（约66.5℃）。冷却放热过程中，硬脂酸分别在第 65s 和第 410s 达到相变温度点和初始加热温度，对复合相变储热材料而言，分别花费 40s 和 277s 就已达

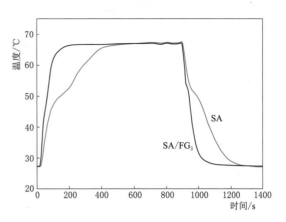

图 5 - 11　SA 和 SA/FG$_3$ 的储放热曲线

到对应温度。结果表明，具有更高导热系数的复合相变储热材料能够快速地实现储热和放热，提升储放热速率。

5.1.3　小结

本节以鳞片石墨为研究对象，经微波—H$_2$O$_2$ 表面改性后用作支撑基体，吸附硬脂酸相变储热材料制备定型复合相变储热材料。考察了表面改性对复合相变储热材料储热性能的影响，结论如下：

（1）通过表征支撑基体晶体结构、表面形貌、微孔结构等特征，结果表明表面改性过程会扩大晶面间距，增加支撑基体的缺陷及表面粗糙度，从而获得更高的比表面积，为硬脂酸提供更多的吸附点；改性时间越大，效果越明显；硬脂酸和鳞片石墨支撑基体之间无化学反应发生。

（2）通过测试复合相变储热材料的装载量、热稳定性、储热容量、导热系数等基本热性能参数，结果显示 SA/FG$_3$ 复合相变储热材料最大装载量为 32.40％，熔融和冷却过程潜热值分别为 61.05J/g 和 61.00J/g，相变温度为 53.24℃ 和 53.73℃；在 200℃ 以下具有良好的热稳定性；导热系数是纯硬脂酸的 12.23 倍。

（3）通过探究微波—H$_2$O$_2$ 改性对支撑基体表面性质的影响机理，结果揭示改性过程有利于增加表面含氧官能团的数量，从而在硬脂酸与支撑基体之间形成稳定的氢键桥连，提升负载结合力；100 次热循环后，SA/FG$_3$ 熔融潜热值是未循环样品的 99.98％。

5.2　石墨层间剥离强化储热性能的研究

为了进一步挖掘天然石墨的储热特征，已有研究采用酸浸[131]、高温煅烧[132]、酸浸—煅烧联合[86] 等强烈处理方式，以扩充支撑基体的孔隙空间或层间距，实现大的

装载空间。如 Zhang 等[133] 将正十八烷装载进自制的微波膨胀的膨胀石墨中，装载量高达 90％；Zeng 等[68] 将鳞片石墨用硝酸、乙酸扩充层间距获取膨胀石墨，吸附十四醇获得复合相变材料。通过层间扩充后再剥离得到的片状的石墨，增加了石墨表面与相变材料的接触面积，可作为支撑基体在复合相变储热材料中充分发挥基体的储热特征优势。

石墨纳米片由多层石墨烯堆叠而成，作为石墨类材料中一种具有高装载能力和导热系数的材料可被用作支撑基体。然而，考虑到多种类型石墨片，如氧化石墨片、膨胀石墨剥离纳米石墨片等，制备过程中使用硫酸、盐酸等极度危险或有毒的化学试剂，且生产方式过于繁复与危险，不能用于大量制备基体材料，无法满足应用需求。因此，需要提供一些更为安全高效的制备方法，来获取满足要求的石墨纳米片。此外，通过不同方法制备得到的石墨片具有不同的物性参数，会对所制备的复合相变储热材料的性能产生较大的影响。

本书的目标是使用一种高效、高产以及环保的方式，从原矿鳞片石墨中直接剥离获得石墨片，并将其用作支撑基体，真空浸渍条件下负载硬脂酸制备复合相变储热材料。首先通过超声机械砂磨剥离法初步剥离产物，再采用流体剪切辅助超临界 CO_2 剥离法获得更薄层状的超薄石墨片（ultrathin graphite sheet，UGS），实现协同剥离效果。基于所制备的超薄石墨片，研究不同剥离程度对装载量、热性能、相变结晶度、导热性能等重要储热性能参数的影响，探究石墨层间剥离强化储热特征。

5.2.1 实验内容与测试表征

采用超薄石墨片、硬脂酸为原料制备定型复合相变储热材料，其中，超薄石墨片是由 32 目天然鳞片石墨剥离得来。具体实验步骤如下：

（1）超薄石墨片支撑基体制备（图 5-12）。

1）超声机械砂磨剥离过程：取 6g 鳞片石墨加入至 400mL 的 NMP 溶液中获得 15g 的混合物，再加入 2.8g 的 PVP 混合均匀后于磁力搅拌器中分散 0.5h，再于超声分散器中分散 0.5h。将分散均匀的悬浮液置于超声砂磨设备中（600W，2250r/min），工作 2h 后取出。

2）流体剪切辅助超临界 CO_2 剥离过程（图 5-13）：将超声砂磨后的悬浮液置于超临界反应釜中，以超临界温度 45℃、超临界压力 16MPa 充入超临界 CO_2，以 1000 r/min 转速开启剪切，反应 2h 后取出悬浮液，以除去未剥离的较厚的石墨片。悬浮液先以 3500r/min 离心，取出上层悬浮液，沉淀多次水洗冷冻干燥待分析；将 3500r/min 分离后得到的上层悬浮液，以 5000r/min 离心分级，取出上层悬浮液，沉淀多次水洗冷冻干燥待分析。经不同等级离心分离后获得不同剥离程度的石墨片。将未经剥离鳞片石墨、3500r/min 离心分析沉淀、5000r/min 离心分析沉淀分别命名为 FG、

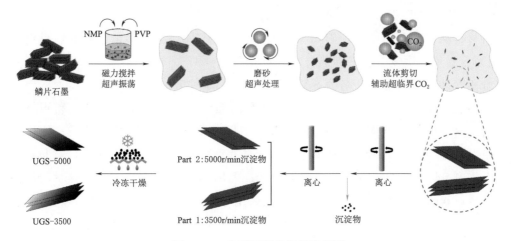

图 5-12 超薄石墨片制备流程图

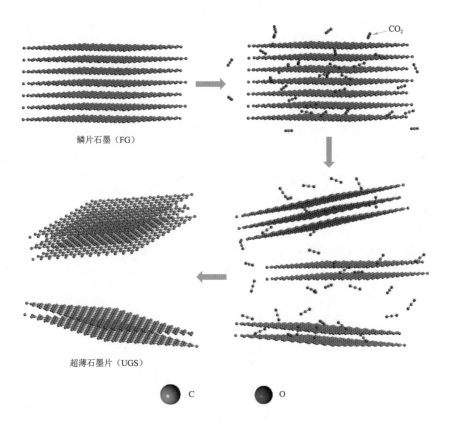

图 5-13 流体剪切辅助超临界 CO_2 剥离法制备超薄石墨片示意图

UGS-3500、UGS-5000。

（2）定型复合相变储热材料制备与表征。采用真空浸渍法，按质量比称取 4.0 g 超薄石墨片和 8.0 g 硬脂酸相变储热材料混合后置于连有抽真空装置的锥形瓶中，锥形瓶常温下抽真空至－0.1MPa 后维持 5min，再置于 95℃恒温水浴条件下反应

30min，反应完毕后于 80℃ 加热型超声水浴装置中超声 5min，恢复压力至常压。最后，将材料从锥形瓶中取出，于 80℃ 温度下热过滤 5 h，除去多余硬脂酸，得到硬脂酸/超薄石墨片定型复合相变储热材料。对应 FG、UGS－3500、UGS－5000 支撑基体的复合相变储热材料最终命名为 SA/FG、SA/UGS－3500、SA/UGS－5000。

材料表征实验如下：采用 XRD 表征样品的晶体结构和化学兼容性；利用拉曼光谱分析了材料的内部结构与层厚特征；采用 FTIR 分析了材料的化学性质；使用金相显微镜观察材料的尺寸；利用 SEM 观察样品的表面形貌特征；使用 TG－DSC 热重分析了材料热稳定性及复合相变储热材料装载量；采用 DSC 获得复合相变储热材料储热容量等性能，测试材料多次储放热循环性能；采用导热系数测试仪测定材料导热性能。

5.2.2 结果分析与讨论

5.2.2.1 结构特征

图 5－14 为三种不同剥离程度石墨支撑基体及其相应的复合相变储热材料的 XRD 图谱。从中可以看出，不同剥离程度石墨 XRD 衍射峰与石墨 PDF 标准卡片中的特征峰一致：石墨（002）面和（004）面的两个特征衍射峰出现在 $2\theta = 26.6°$ 和 $54.7°$ 位置。负载硬脂酸相变储热材料后，在复合相变储热材料 XRD 图谱中，存有硬脂酸的特征峰（$2\theta = 21.6°$、$23.7°$）与石墨的特征峰，没有新的特征峰生成，说明真空浸渍制备过程中，硬脂酸和支撑基体之间没有发生化学反应，更无新物质生成。然而，复合相变储热材料中组成物质的衍射峰强度相对纯硬脂酸和支撑基体要弱，主要原因在于当硬脂酸装载进石墨后被结合固定[123]，或是硬脂酸的填充在一定程度上造成了石墨结构的损坏[134]。此外，随剥离程度的增加，石墨的层厚降低导致衍射峰强度下降，支撑基体衍射峰强度从 FG 到 UGS－5000 依次下降，初步表明鳞片石墨被成功剥离。

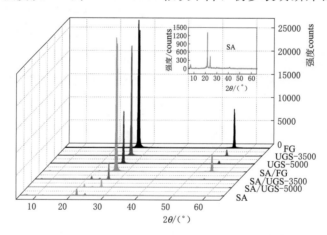

图 5－14 不同剥离程度石墨支撑基体（FG、UGS）和相应的复合相变储热材料
（SA、SA/UGS、SA/FG）的 XRD 图

拉曼光谱可用来表征内部结构缺陷以及判断超薄石墨片层厚。石墨烯的拉曼光谱具有三个主要特征峰[130,135-136]：位于1350cm^{-1}处的无序振动峰 D-band，主要用于表征石墨烯样品晶格缺陷或边缘缺陷；位于1580cm^{-1}处的 G-band 代表 sp^2 杂化碳原子的面内振动模式，对石墨烯的层厚十分敏感，也可根据其强度来判定石墨烯的层厚；位于2700cm^{-1}处的2D-band，也称为 G'-band，常用来表征碳原子层间堆垛方式，它的移动和形状与石墨烯层厚密切相关。D 峰和 G 峰的强度之比（I_D/I_G）可以用来判断该样品的石墨化程度或缺陷程度[137]。

图 5-15 为三种不同剥离程度石墨支撑基体的拉曼图谱。在图 5-14 中，三种基体都出现了 D、G、2D 峰，对应位置为 1340cm^{-1}、1587cm^{-1}、2688cm^{-1}。当石墨层厚超过4层左右石墨烯厚度时，2D 峰的形状就接近于石墨的峰形而无法判断层厚，因而 UGS-3500 和 UGS-5000 样品中 2D 峰的高度近似于 FG 的高度。超薄石墨片的层厚可以通过 G 峰来进行判定：理论上 G 峰强度会随着石墨烯厚度呈线性增加，然而，当石墨烯超过一定厚度时，由于入射光线和反射光线的多级干涉，G 峰的强度反而会发生下降，层数越多，干

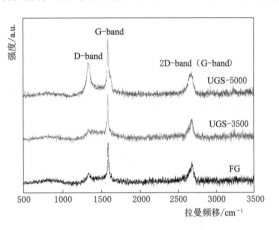

图 5-15　三种不同剥离程度石墨支撑
基体的拉曼图谱

扰越大。因此，由图观察得到 G 峰强度由 UGS-5000 向 FG 样品呈递减趋势，证实了 UGS-5000 剥离程度较高、层厚更薄，符合 XRD 分析结果。同时，UGS-5000 的 D 峰强度最大，说明该样品具有较多的结构和边缘缺陷，是剥离过程中的机械应力所造成的。

5.2.2.2　化学兼容性

图 5-16 为三种不同剥离程度石墨支撑基体及其相应的复合相变储热材料的 FT-IR 图谱。由图 5-16（a）可知，支撑基体的 FITR 图谱基本一致，特征峰主要有：3447cm^{-1}处的—OH 伸缩振动峰（自由水）；1628cm^{-1}处的—OH 弯曲振动峰；1593cm^{-1}处的 C=C 振动峰；1130cm^{-1}处 C—O 伸缩振动峰。然而，位于2100~2400cm^{-1}范围内的三键和积累双键的伸缩振动峰（C=C=C，C≡C），其峰强从 FG 向 UGS-5000 递减甚至消失不见，剥离过程中，不同网平面碳原子结构之间的破坏导致化学键的变化，证实了三种支撑基体之间具有不同的剥离程度。由图 5-16（b）可知，纯硬脂酸在2916cm^{-1}、2850cm^{-1}、1705cm^{-1}、718cm^{-1}位置存在特征峰，分别为：—CH 的反对称和对称伸缩振动峰（2916cm^{-1}和2850cm^{-1}）；羧基中

第 5 章
石墨基相变储热材料

C═O 的伸缩振动峰（1705cm⁻¹）；—OH 面内摇摆振动（718cm⁻¹）[123,138]。存在于石墨基体及硬脂酸中的特征峰都出现在复合相变储热材料当中，各个特征峰位置并没有改变，且无新的峰出现，再次证明了两者之间无化学反应发生，复合相变储热材料具有良好的化学兼容性。

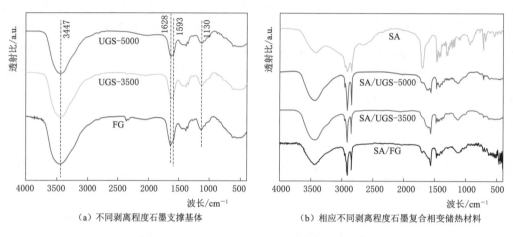

（a）不同剥离程度石墨支撑基体　　　（b）相应不同剥离程度石墨复合相变储热材料

图 5-16　三种不同剥离程度石墨支撑基体及其相应的复合相变储热材料的 FTIR 图谱

5.2.2.3　尺寸及表面形貌

为了探究三种支撑基体形貌尺寸区别，采用金相显微镜对剥离后的石墨片进行尺寸估计。从图 5-17（a）、（b）、（c）观察到，石墨支撑基体岩相表面相对平整光滑，呈现类似金属光泽的银白色，样品尺寸分布范围大致为：FG＞500μm、UGS-3500 为 60~200μm、UGS-5000＞50μm，呈现一定尺寸梯度，该现象表明鳞片石墨已被成功剥离，在同一等级离心分离条件下获得的超薄石墨片具有近似的剥离程度，在不同等级离心分离条件下获得的超薄石墨片尺寸呈现出梯度差异。图 5-17（d）、（e）、（f）为相应复合相变储热材料的形貌尺寸，吸附在支撑基体表面的部分硬脂酸发生结晶，形态各异，不像石墨基体一般呈现出高度定向结晶性，因而在光学显微镜下受部分光线原因呈暗色。通过比较得出硬脂酸已成功装载进超薄石墨片支撑基体，且经装载后的复合材料尺寸相对支撑基体稍有增大。

图 5-18 为 FG 和 UGS-5000 样品及其相应复合相变储热材料的 SEM 图。由图 5-18 可知，原矿 FG 表面平整，结构相对完整，无细小裂纹，在一定程度上不利于硬脂酸的进入［图 5-18（a）］。相对而言，UGS-5000 具有较多的表面裂缝与边缘缺陷［如图 5-18（b）中箭头所示］，整体结构相对松散且尺寸要小于 FG，这是由于在机械作用力下石墨内部结构被破坏，从而更容易装载硬脂酸进入内部空间。因此，在超声机械砂磨和流体剪切辅助超临界 CO₂ 剥离协同作用下成功剥离获得的超薄石墨片，有更大的内部空间，有利于装载硬脂酸相变材料。

· 54 ·

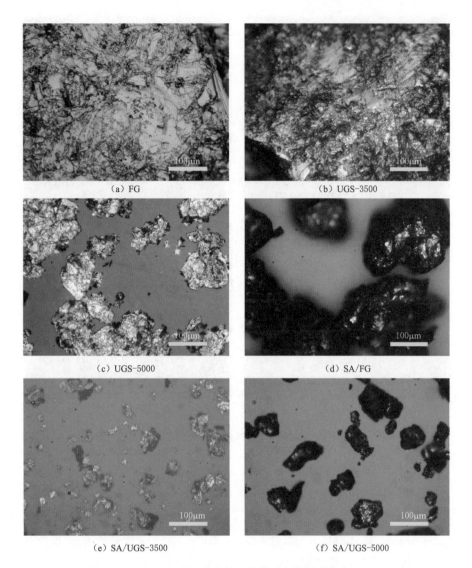

（a）FG　　　　　　　　　（b）UGS-3500
（c）UGS-5000　　　　　　　（d）SA/FG
（e）SA/UGS-3500　　　　　　（f）SA/UGS-5000

图 5-17　不同剥离程度支撑基体的岩相显微照片（400×）

为了验证石墨的剥离程度，需要对剥离后的超薄石墨片进行层厚测定。已知
UGS-5000 样品为沉淀物干燥样品，会出现多层团聚堆叠现象，为了便于观察到结构
清晰的超薄石墨片，首先将 UGS-5000 样品分散在乙醇当中获得分散均匀且浓度较
低的悬浮液，然后均匀取样在 SiO_2 基底上。

图 5-19（a）、（b）为剥离后 UGS-5000 样品不同取样位置的 AFM 图，图 5-
19（c）、（d）为对应的线扫描的高度轮廓图。在 AFM 图上取 3 处颜色相对一致的位
置进行划线扫描，获得三条轮廓线：Profile1 线、Profile2 线、Profile3 线。由轮廓线
可以看出，超薄石墨片表层虽然具有一定的粗糙度，但总体剥离相对完整，呈片状结
构。位于 Profile1、Profile2、Profile3 的轮廓线位置处测得的 UGS-5000 厚度大约为

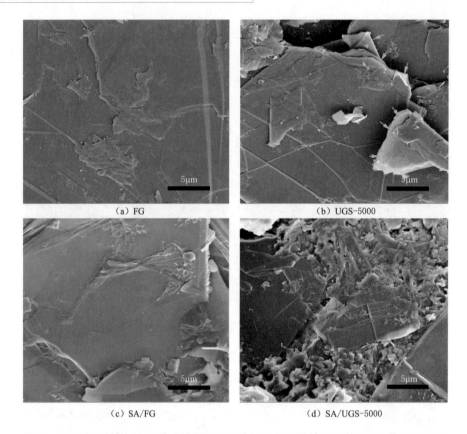

（a）FG

（b）UGS-5000

（c）SA/FG

（d）SA/UGS-5000

图 5-18　不同剥离程度石墨支撑基体和相应复合相变储热材料的 SEM 图 (6000×)

3.4nm、2.8nm、4.2nm，可以得出 UGS-5000 样品的层厚为 3.4～4.2nm，已知理论单层石墨烯的厚度为 0.335nm，因此可估算 UGS-5000 样品是由 11～13 层单层石墨烯组成，相对 4～5 层的多层石墨烯更厚，相对原矿鳞片石墨更薄（0.01～0.04mm，金相显微镜下测得）。此外，根据 AFM 图可以观察到被剥离的石墨基体 UGS-5000 边缘不规整，能够增加对硬脂酸的吸附。

5.2.2.4　装载量与热稳定性

图 5-20 为硬脂酸和复合相变储热材料的 TG 曲线和高温 DSC 曲线。由 TG 曲线可知 [图 5-20 (a)]，在加热到 600℃过程中，所有样品失重行为相似，都只存在一个失重平台，硬脂酸几乎全部分解，样品中无大量吸水分的存在。180℃左右所有样品开始发生分解，300℃左右分解完成，表明所有复合相变储热材料样品在 180℃下具有良好的热稳定性。基于此，可以计算得到硬脂酸在不同样品中的装载量：17.48% 的 SA/FG、58.94% 的 SA/UGS-3500、63.12% 的 SA/UGS-5000。结果表明，以超薄石墨片为支撑基体的复合相变储热材料装载量随层厚的降低而升高，验证了之前 XRD、Raman spectra、SEM 的表征结果：基体结构对复合相变储热材料装载量有影响，剥离程度越高，装载量越大，在一定程度上解释了微结构对储热性能的影响机理。

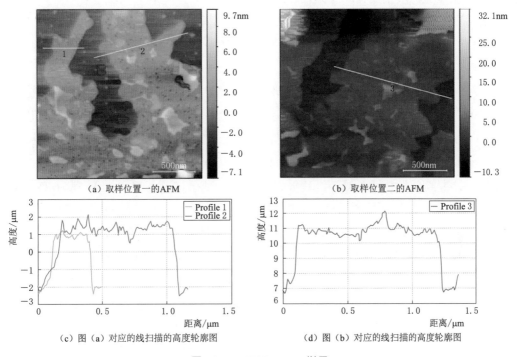

（a）取样位置一的AFM （b）取样位置二的AFM

（c）图（a）对应的线扫描的高度轮廓图 （d）图（b）对应的线扫描的高度轮廓图

图 5-19 UGS-5000 样品

图 5-20（b）为对应的高温分解过程 DSC 曲线，从中可以直观看出，温度范围 45～70℃内存在一个相变过程，在 300℃左右样品被分解完全呈现出一个小的台阶，这是由于硬脂酸和石墨支撑基体的比热容不同，当硬脂酸分解完成后样品中只存在石墨基体的显热储热，会出现一个热流值的跳跃点。为了获得更为精准的储放热潜热值和相变点，对样品进行低温 DSC 扫描测试。

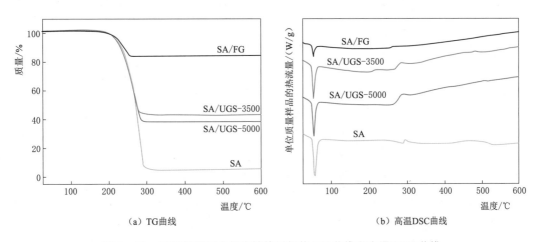

（a）TG曲线 （b）高温DSC曲线

图 5-20 硬脂酸和复合相变储热材料的 TG 曲线和高温 DSC 曲线

5.2.2.5 相变储热容量及循环稳定性

样品 DSC 测试结果如图 5-21 所示，其中图 5-21（a）为硬脂酸和复合相变储热材料的 DSC 曲线；图 5-21（b）为 SA/UGS-5000 样品的第 50 次储热—放热循环曲线及其循环过程中相变潜热变化值曲线。从 5-21（a）可以看出，硬脂酸拥有一个吸热峰和一个放热峰，通过计算可得吸热峰的相变温度为 52.90℃，放热峰的相变温度为 53.10℃，复合材料吸热过程相变温度范围位于 53.12～53.60℃，放热过程位于 53.33～53.50℃。同时，经过分析可得，纯硬脂酸的熔融和冷却相变潜热值为 191.6J/g 和 190.0J/g，复合相变储热材料 SA/FG、SA/UGS-3500、UGS-5000 样品的熔融潜热值分别为 30.8J/g、100.7J/g、113.7J/g，冷却潜热值分别为 30.5J/g、98.4J/g、112.9J/g。样品的 DSC 潜热值呈现出由 SA/FG 向 SA/UGS-5000 升高的趋势，主要原因在于复合相变储热材料中硬脂酸含量的升高。此外，复合相变储热材料实际潜热值要均低于理论潜热值，在毛细管作用力下，部分熔融硬脂酸被限制在石墨基体的微小孔隙中间，与支撑基体内表面紧紧结合而不能发生结晶[139]。因此采用结晶度 F_c 来表征复合相变储热材料中硬脂酸的结晶行为（表 5-8），由式（5-2）计算[78,140]可得复合相变储热材料 SA/UGS-5000 的结晶度（94.02%）高于 SA/FG（89.17%）和 SA/UGS-3500（91.96%）样品，在机械剥离和超临界流体剪切应力作用下，剥离过程中的石墨片内部结构缺陷和边缘缺陷增多，在一定程度上扩大了储存空间，使得限制硬脂酸结晶的微孔朝大尺寸方向发展，因而有利于硬脂酸的结晶，提高单位质量储能密度或效率。SA/UGS-5000 复合材料的单位面积能效最高，达 180.14J/g。

表 5-8 硬脂酸和复合相变储热材料的热性能参数

样 品	装载量 /%	熔融温度 T_m /℃	冷却温度 T_m /℃	熔融潜热 ΔH_m /(J/g)	冷却潜热 ΔH_m /(J/g)	理论潜热值 ΔH_m (ΔH_{th}) /(J/g)	结晶度 F_c /%	硬脂酸单位质量能效 E_{ef} /(J/g)
SA	100	52.90	53.10	191.6	190.0	—	100	—
SA/FG	17.48	53.60	53.50	30.8	30.5	33.49	91.96	176.2
SA/UGS-3500	58.94	53.32	53.33	100.7	98.4	112.93	89.17	170.9
SA/UGS-5000	63.12	53.12	53.49	113.7	112.9	120.94	94.02	180.1

复合相变储热材料 UGS-5000 样品在 50 次储热—放热过程中的 DSC 循环曲线及循环过程中潜热值变化量曲线如图 5-21（b）所示：记录了第 2、第 25、第 50 次的循环曲线图，可以明显看出三条曲线基本重叠，第 50 次循环之后，熔融和冷却的相变潜热值分别变化了 0.18%、0.75%，相变温度变化了 0.41℃ 和 0.23℃，总体而言变化量相对较少。潜热值变化量曲线在测试过程相对平稳，在一定的范围内波动，表明该复合相变储热材料样品具备良好的热循环稳定性。

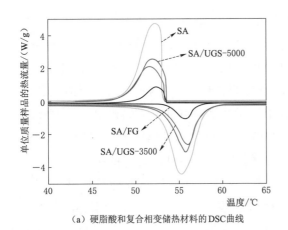

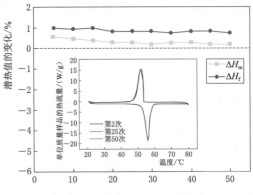

(a) 硬脂酸和复合相变储热材料的DSC曲线   (b) SA/UGS-5000样品的第50次储热—放热循环曲线及循环

图 5-21   样品 DSC 测试结果

5.2.2.6 导热性能

表5-9代表三种不同剥离程度石墨支撑基体及相应的复合相变储热材料的导热系数。由表可得，纯硬脂酸作为一种有机物具有较低的导热系数值0.267W/(m·K)，三种不同剥离程度的石墨支撑基体 FG、UGS-3500、UGS-5000 拥有较高的导热系数值为 5.471W/(m·K)、4.722W/(m·K)、4.325W/(m·K)，且呈下降趋势。UGS-5000 超薄石墨片支撑基体经结构表征测定之后发现内部存在较多缺陷，基于声子传播原理，因而具有较大剥离程度且较多缺陷的样品导热系数相对较低。复合相变储热材料 SA/FG [4.155W/(m·K)]、SA/UGS-3500 [2.872W/(m·K)]、SA/UGS-5000 [2.691W/(m·K)] 的导热系数呈下降趋势，不仅因为剥离程度越高的支撑基体导热系数越低，而且在于石墨支撑基体在复合相变储热材料中所占比例的下降。不过总体而言，复合相变储热材料 SA/UGS-5000 导热系数是纯硬脂酸的 10.08 倍，具有更快的储放热速率，在实际应用过程当中具有更好的储能效率。

表5-9   三种不同剥离程度石墨支撑基体及相应复合相变储热材料的导热系数

样品	SA	FG	UGS-3500	UGS-5000	SA/FG	SA/UGS-3500	SA/UGS-5000
$\lambda/[W/(m·K)]$	0.267	5.471	4.722	4.325	4.155	2.872	2.691

5.2.3 小结

在超声机械砂磨剥离和流体剪切辅助超临界 CO_2 剥离的协同作用下，对天然鳞片石墨进行高产、高效、绿色的剥离过程，剥离产物在不同离心速率下分离，获得具有相似剥离程度的超薄石墨片。以三种不同剥离程度的石墨为支撑基体，真空条件下吸附硬脂酸制备定型复合相变储热材料，探究石墨层间剥离对复合相变储热材料储热性能的强化效果。

（1）考察了鳞片石墨的剥离效果，从结构缺陷、剥离层厚、剥离后形貌尺寸等方面分析得出，随着剥离程度的增加，超薄石墨片面径变小，层厚降低；经剥离后的 UGS-5000 超薄石墨片的层厚范围为 3.4～4.2nm，为 11～13 层左右石墨烯厚度；基体整体结构相对松散，内部缺陷增多，在一定程度上有利于装载硬脂酸进入其内部空间。

（2）探究了层间剥离对超薄石墨片储热特征的影响，包括导热性能、储存能力。结果显示微孔结构越大，复合相变储热材料中硬脂酸结晶度和装载量越高，表现 SA/UGS-5000 装载量（63.12%）、结晶度（94.02%）、单位质量储能密度（180.14J/g）明显优于其他两种复合材料。揭示了支撑基体微结构与储热性能之间的关系。

（3）考察了复合相变储热材料的储热容量、热稳定性、导热性能等储热性能参数，SA/UGS-5000 的熔融与冷却相变潜热值分别为 113.7J/g 和 112.9J/g，且经 50 次储放热循环后熔融潜热值变化 0.18%；在 180℃下热稳定性良好，不易分解；导热系数是纯硬脂酸的 10.08 倍。在热能储能领域具有很好的应用潜力。

5.3　石墨界面耦合强化储热性能的研究

为了增强基于非金属黏土矿物的定型复合相变储热材料导热性能，石墨类高导热材料作为增强体被引入到矿物基复合相变储热材料中以增强其导热系数[141]。已有研究添加 5% 膨胀石墨进硅藻土基复合相变储热材料，导热系数增至 0.5W/（m·K）左右，提高了近 50%[142]；添加 5% 石墨至埃洛石基复合相变储热材料，导热系数上升近 60%，为 0.8W/（m·K）左右[61,90,143]。

然而，通过简单"物理组合"将增强体添加至复合相变储热材料中，并不能充分发挥增强体提升最终材料导热系数的能力。根据声子导热原理，导热系数与各组分的自身导热能力、材料的微结构（如孔道、晶型等）等有关[144]。添加有高导热材料的矿物基复合相变储热材料是由矿物支撑基体、相变储热材料以及增强体构成的复合体系，其导热系数受随机几何接触、微弱的物理相互作用影响。此外，矿物与增强体之间界面空间距离大，界面处声子散射多的问题，也会在两者之间形成较大的界面热阻，从而影响复合相变储热材料导热性能。传统方式将石墨作为增强体直接添加进膨润土基复合相变储热材料中，由于石墨与膨润土之间是"物理组合"，界面处声子散射严重，从而造成界面热阻，将不能充分发挥石墨提升导热系数的优势。"化学键合"是减少界面热阻、提高导热能力的一种高效方式[145]，但简单地将石墨与膨润土进行界面键合，不能赋予其更多的储存空间，因此，需要在提升导热系数的同时兼顾储热容量的增加。

碳纳米纤维（carbon nanofiber，CNF）作为一种具有优越的物理和化学性能的高导热材料，被广泛用于复合相变储热材料改善材料性能。部分研究者采用化学气相沉积法（chemical vapor deposition，CVD）在微米级别片径的膨润土表面无序或团聚生长了碳纳米管，提高了材料的热学和力学性能。

采用CVD法在鳞片石墨基底上定向生长CNF，再通过"化学键合"耦合膨润土，加强界面结合提升附加储存空间，有望实现膨润土基复合相变储热材料储热容量与导热系数的协同强化。

5.3.1 实验内容与测试表征

本节实验内容为，采用CVD法在鳞片石墨基地生长CNF，再与纯化后膨润土化学耦合。具体实验步骤如下：

（1）膨润土的改性。

1）天然膨润土的纯化：经研磨后的天然膨润土与蒸馏水按（1g：10g）比例混合，在5000r/min转速下高速搅拌5min，0.045mm（325目）筛过滤，取上层悬浮液加入0.1％六偏磷酸钠，静置1h，将最终获得的上层悬浮液真空抽滤，105℃下干燥12h，获得纯化膨润土，命名为B。

2）膨润土的表面改性：将纯化后膨润土、APTES、乙醇按（1g：5mmol：50mL）比例混合，在80℃下于三口烧瓶中回流反应10h，乙醇洗涤数次，60℃干燥5h，获得改性膨润土，命名为 B_m。

（2）CVD法在鳞片石墨基底上生长CNF。

1）催化剂的负载：取10g鳞片石墨与150g 8％的盐酸溶液，在700W微波条件下处理5min，蒸馏水洗涤多次至无 Cl^-；将 $Fe(NO_3)_3 \cdot 9H_2O$ 和 $(NH_4)_6Mo_7O_{24} \cdot 4H_2O$ 按质量比1：1于室温下先后溶解于150mL蒸馏水中，超声分散均匀后加入经微波酸处理的鳞片石墨，于80℃下磁力搅拌5h，再静置5h。反应结束后将混合物过滤，60℃干燥12h，获得吸附有Fe/Mo催化剂的石墨基底。将其装进瓷舟内置于真空管式炉刚玉管中，用于CVD法生长CNF。

2）CVD法生长CNF：生长过程中，先以10mL/min升温到500℃（Ar，100mL/min），保持1h后，以200mL/min的速率通入 H_2 反应0.5h，50min之内升温至 $T_{CVD}=750℃$，通入 CH_4/H_2（60/60mL/min）混合气体1h，反应结束后，在Ar气氛下冷却至室温。将生长后的样品在5％ H_2O_2 溶液中静置5min，60℃干燥6h。石墨基底上成功生长CNF的样品命名为FG-CNF。

（3）三元体系鳞片石墨-CNF-改性膨润土支撑基体的制备。将FG-CNF和改性后膨润土 B_m 按质量比1：10混合，加入溶解有DCC/DMAP（1：24）的30mL CH_2Cl_2 中，室温下搅拌1h，无水环境静置25h。反应完成后50℃水浴条件下加入150mL无水乙醇，蒸馏除去 CH_2Cl_2，再真空抽滤除去无水乙醇，重复操作3次。获得最终三元体系耦合产物：FG-CNF-B_m。同样的，将FG和B、FG-CNF和B、FG-CNF和 B_m 直接在乙醇溶液中混合后，真空抽滤干燥，获得支撑基体产物分别命名为FG/B、FG-CNF/B、FG-CNF/B_m。

（4）复合相变储热材料的制备。按设定的质量比（10:5）将硬脂酸和支撑基体原料混合均匀后置于锥形瓶中，将锥形瓶常温下抽真空至 -0.1MPa 后维持 5min，再置于 95℃恒温水浴条件下反应 30min，反应完毕后于 80℃加热型超声水浴装置中超声 5min，平衡压力至常压。随后将锥形瓶中材料于 80℃温度下热过滤 5 h，除去多余硬脂酸得到复合相变储热材料。通过采用不同基体分别制备了 SA/FG/B（fs-PCM1）、SA/FG-CNF/B（fs-PCM2）、SA/FG-CNF/B$_m$（fs-PCM3）。

复合相变储热材料 fs-PCM3 的制备流程如图 5-22 所示。

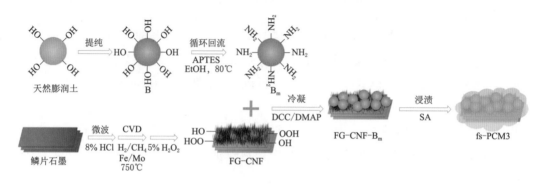

图 5-22　复合相变储热材料 fs-PCM3 的制备流程图

采用 SEM 观察样品的表面形貌特征，利用扫描 Mapping 图、EDS 能谱图分析元素成分；通过 XPS、XRD、FTIR 分别对样品表面化学性质、晶体结构、价态变化信息等作出系统分析；使用 TG-DSC 热重测定材料热稳定性及复合相变储热材料装载量；采用 DSC 获得复合相变储热材料储热容量等相变信息，测试材料多次储放热循环性能；采用导热系数测试仪测定材料导热性能；使用设计的储放热测试平台探究储放热性能；利用自制红外热像平台探究瞬态温度响应行为。

5.3.2　结果分析与讨论

5.3.2.1　基于界面耦合的支撑基体合成

图 5-23（a）、（b）、（c）是碳纳米纤维 CVD 生长过程和界面耦合过程的表面形貌 SEM 图。如图 5-23（a）所示，原矿鳞片石墨整体结构完整，表面相对光滑，无杂质吸附。图 5-23（b）为 CVD 法生长得到的 FG-CNF 样品，可以明显观察到浓密的纤维 CNF 分布在石墨基底之上，说明在 Fe/Mo 催化剂作用下，CNF 生长成功。另外，从放大图 5-23（g）可以观察到，CNF 直径较粗，为 45～80nm，分布相对均匀，且相互交织生长构成了一种三维网络结构。图 5-23（c）为经界面耦合所获得的三元体系 FG-CNF-B$_m$ 支撑基体样品，由图可知，膨润土结合在 CNF 表面，将 CNF 外表紧紧包裹起来，先前所形成的网络结构并没有被膨润土完全填满，部分饱和的膨润土，即未与 CNF 结合的膨润土，存在于三元体系的旁边，因此为硬脂酸提

供了更大的储存空间。整个 CNF 生长及耦合过程由示意图 5 - 23（c）、（d）、（f）所示。为了更好地进行对比验证，将鳞片石墨与纯化膨润土直接混合产物 FG/B 进行 SEM 扫描。为保持对照条件统一，直接混合采用了乙醇做溶剂分散。图 5 - 23（h）、（i）为不同倍率下 FG/B 样品表面形貌图，可以看出，B 堆积在相对光滑的鳞片石墨表面，且呈一种不均匀分散的状态，相对于耦合的 FG - CNF - B_m 而言，膨润土与鳞片石墨表面的直接接触减少了相变储热材料的储存空间，同时，低倍率下可观察到 [图 5 - 23（i）]，大量膨润土颗粒堆积在鳞片石墨边缘区域，填充了部分孔隙空间，且在一定程度了堵塞了硬脂酸进入鳞片石墨层间缺陷的通道，因而不利于储存容量的提升。此外，图 5 - 23（i）箭头所示，膨润土与鳞片石墨的接触并不紧密，膨润土出现了块状分离，表示在 FG/B 支撑基体中，膨润土与鳞片石墨之间的接触仅为不牢固的"物理组合"。

图 5 - 23　碳纳米纤维 CVD 生长过程和界面耦合过程的 SEM 图
[（c）（d）（f）为对应的形貌示意图]

为进一步考察 FG - CNF - B_m 耦合效果，对其表面特定元素进行 EDS 能谱扫描。图 5 - 24（a）为 FG - CNF - B_m 的典型 SEM 图，以此区域为对象，获得不同元素在此区域内的 Mapping 图。已知天然膨润土主要包含 O、Si、Al、Mg、K、Fe 等元素，石墨为 C 元素。如图 5 - 24（b）所示，Si、Al、Fe 同时出现于相同的位置，该位置有大量膨润土及催化剂的存在；C 元素主要分布于图中左上角位置，此区域无 Fe、Si、Al 元素的存在，对应 SEM 图中相对较暗的区域，表明该位置是鳞片石墨基底，不存在 FG - CNF - B$_m$。结果表明 FG - CNF - B$_m$ 的三元体系结构已形成。

（a）典型SEM图

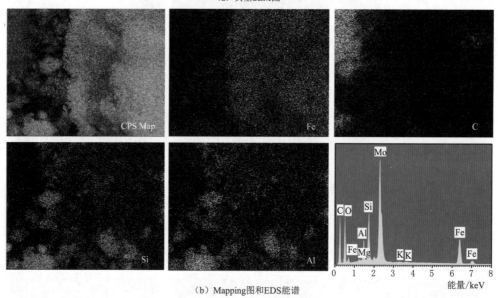

（b）Mapping图和EDS能谱

图 5 - 24　支撑基体 FG - CNF - B$_m$ 样品

探究 FG - CNF - B$_m$ 耦合机理，必须对膨润土改性行为进行研究。图 5 - 25 为改性前后膨润土的 XPS 全谱扫描图，表 5 - 10 为改性前后膨润土的表面元素相对含量。APTES［NH$_2$CH$_2$CH$_2$CH$_2$Si（OC$_2$H$_5$）$_3$］是一种极易水解的有机硅化合物，分子中 C 元素含量较高，膨润土为天然硅酸盐矿物，其物质分子中，主要含 O 元素、金属元素较多。由表可知，改性前膨润土（B）中 C1s 和 N1s 的含量分别为 12.15％、0.95％，APTES 表面改性后（B$_m$），C1s 和 N1s 的含量分别上升至 23.98％、4.17％。相反，O1s

的含量从 58.70% 下降至 47.68%，Si2s 和 Al2s 也从 18.04% 和 10.16% 分别下降至 16.46% 和 7.72%，对应图 5-24 中 Si2s、Si2p、Al2s、Al2p 峰强的下降，现象表明，APTES 成功附着在改性膨润土表面。其中，Si 元素含量的下降趋势要小于 Al 元素，这是由于 APTES 分子也含有 Si 元素，相对于 Al 元素的下降强度相对较弱。

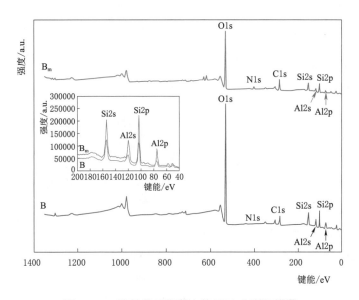

图 5-25　改性前后膨润土的 XPS 全谱扫描图

表 5-10　　　　　　　　　　改性前后膨润土的表面元素相对含量

样　品	C1s	O1s	N1s	Si2s	Al2s
结合能/eV	285.42	532.27	402.10	154.1	120.03
B/%	12.15	58.70	0.95	18.04	10.16
结合能/eV	286.38	532.94	401.92	155.27	120.03
B_m/%	23.98	47.68	4.17	16.46	7.72

图 5-26 为改性前后膨润土的 XRD 谱图。由物相分析，膨润土主要组成成分为石英以及绿脱石（一种含铁的蒙脱石），改性前后膨润土的 XRD 图谱没有出现新的特征峰，表明成分没有发生改变。改性前膨润土在 $2\theta = 5.820°$ 位置出现 Na^+ 基膨润土的（001）面特征衍射峰，经改性后，该峰位置向左发生移动，为 $2\theta = 4.360°$，对应的晶面间距由 $d(001) = 1.762nm$ 向 $d(001) = 2.351nm$ 增加，说明 APTES 不仅附着于膨润土表面，也部分进入膨润土层间，在一定程度上扩充了膨润土层间距，有利于硬脂酸的负载。经改性后的膨润土峰强相对未改性膨润土要弱，由于层间距离的扩大，晶体结构发生变化，改性过程在一定程度上造成了晶体结构的变化，因而对材料的导热性能产生一定的负面影响。图 5-26（b）为制备过程中石墨类样品的 XRD 图，

所有的石墨类样品包括两个主要的石墨衍射峰：(002) 面的特征衍射峰 $2\theta = 26.4°$，(004) 面的特征衍射峰 $2\theta = 54.6°$。

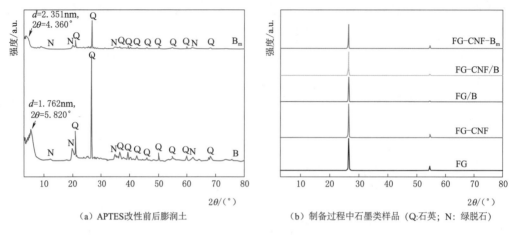

(a) APTES改性前后膨润土　　　　　(b) 制备过程中石墨类样品 (Q:石英; N: 绿脱石)

图 5-26　XRD 图谱

图 5-27 (a) 为改性前后膨润土的 FTIR 图谱。探测到附着在膨润土表面 APTES 中烷烃链形成的峰，只存在于改性后膨润土中：—CH 的反对称和对称伸缩振动峰 ($2930cm^{-1}$、$2852cm^{-1}$)，—CH 弯曲振动峰 ($1398cm^{-1}$)[92]。膨润土中含有大量的石英和金属氧化物成分，该类型的特征吸收峰主要为：Si—O—Si 的伸缩振动峰 ($1035cm^{-1}$)，石英弯曲振动峰 ($915cm^{-1}$、$796cm^{-1}$)，Si—O—M (M—金属) 的耦合振动峰 ($536cm^{-1}$)，O—M 的耦合振动峰 ($470cm^{-1}$)[118]，这些峰不仅存在于改性前膨润土中，也存在改性后膨润土，改性前膨润土矿物成分较纯，无 APTES 有机物的附着，峰的强度要明显强于改性后膨润土。从图中吸收峰位置来看，样品中 —OH 类官能团主要为：来源于矿物的羟基、结晶水或水合氢离子 (H_3O^+)[118] 的分子晶体结构间的 —OH 伸缩振动 ($3702cm^{-1}$、$3624cm^{-1}$)，晶格间 ($1636cm^{-1}$) —OH

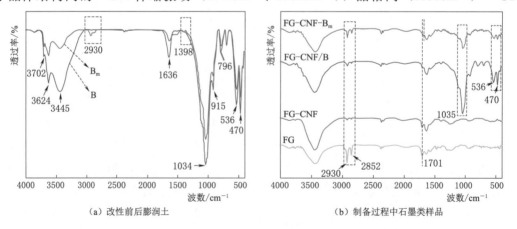

(a) 改性前后膨润土　　　　　(b) 制备过程中石墨类样品

图 5-27　FTIR 图谱

弯曲振动峰，来源于吸附水的—OH 伸缩振动峰（3445cm⁻¹）[92]，这些—OH 特征峰在改性后膨润土中的强度普遍低于改性前膨润土，解释了—OH 活性官能团在与 APTES 作用的过程中发生脱水缩合，APTES 成功附着在膨润土分子表面或内表面。其中，APTES 中—NH₂ 的特征吸收峰由于与—OH 峰位置部分发生重叠因而难以被检测到。

图 5 - 27（b）为制备过程中石墨类样品的 FTIR 图谱。位于 2930cm⁻¹ 和 2852cm⁻¹ 的烷烃链中—CH 的反对称和对称吸收峰，其峰强 FG - CNF - Bₘ 样品强于 FG - CNF/B 样品；而位于 1035cm⁻¹（Si - O - Si）、536cm⁻¹（Si - O - M）、470cm⁻¹（O—M）处，属于膨润土的特征峰则呈现出相反趋势，这与图 5 - 27（a）中相同位置的峰强度变化趋势相类似，意味着 APTES 存在于改性后膨润土和耦合样品中[118]。最为重要的是，位于 1701cm⁻¹ 位置羧基中的 C ═O 特征吸收峰，在 FG - CNF - Bₘ 样品中朝低波段移动，表明 FG - CNF 基体与 APTES 分子之间在 DCC/DMAP 催化剂的作用下发生—COOH 和—NH₂ 的化学键合，生成特征峰为低波段位置的酰胺基团[146]，实现了耦合。

基于当前对 APTES 分子作用机理的研究，结合文献知识，提出了整个耦合过程的化学键合机理[147-150]（图 5 - 28）：①APTES 中三个 Si—X 基团发生水解生成 Si—OH；②Si—OH 与膨润土表面—OH 脱水形成共价键；③催化剂作用下膨润土表面氨基与 FG - CNF 表面羧基发生脱水缩合，最终在两界面之间形成化学键合。

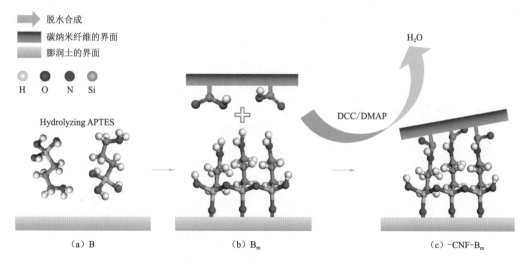

图 5 - 28　界面耦合机理示意图

5.3.2.2　表面形貌和微观结构

图 5 - 29 是经界面耦合制备得到的支撑基体 FG - CNF - Bₘ 及其相应复合相变储热材料 fs - PCM3 的 SEM 图。FG - CNF - Bₘ 基体表面三维网络结构能够为硬脂酸的装载提供较大的储存空间，制备过程中，熔融硬脂酸填充进该部分孔隙之间，或进入

石墨层间，或吸附于支撑表面，从而能够有效地阻止硬脂酸的相变泄漏问题。

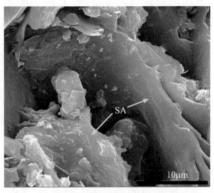

(a) 界面耦合支撑基体FG-CNF-B$_m$ (b) 相应复合相变储热材料 fs-PCM3

图 5 - 29   经界面耦合制备得到的支撑基体 FG - CNF - B$_m$ 及其相应复合相变储热材料 fs - PCM3 的 SEM 图

图 5 - 30 为复合相变储热材料的 XRD 图谱和 FTIR 图谱。从图 5 - 30 (a) 观察到所有复合相变储热材料样品同时出现了石墨的两个特征衍射峰：位于 $2\theta = 26.4°$ 位置的 (002) 面特征衍射峰，$2\theta = 54.6°$ 位置的 (004) 面特征衍射峰；硬脂酸的特征峰：$2\theta = 21.4°$、$23.6°$；复合相变储热材料的衍射峰形仅为支撑基体和硬脂酸相变储热材料峰形的叠加，并未出现新的峰，表明在真空浸渍制备过程中无新物质生成。另外，位于 (002) 面的特征峰强度从 fs - PCM1 向 fs - PCM3 递减，主要原因在于更多硬脂酸被吸附进石墨基体的层间孔隙，造成石墨衍射峰强度的下降[151]。从图 5 - 30 (b) 观察到，硬脂酸的吸收峰，包括—OH 伸缩振动峰 (3300~3700cm^{-1})，反对称和对称伸缩振动峰 (~2920cm^{-1}、~2851cm^{-1})，羧酸中 C＝O 的伸缩振动峰 (1702cm^{-1}) 以及其他代表性峰都出现于复合材料之中，除支撑基体的特征吸收峰外，并无新峰出现，表明支撑基体与硬脂酸之间无化学反应的发生，复合相变储热材料具有良好的化

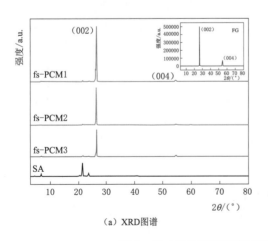
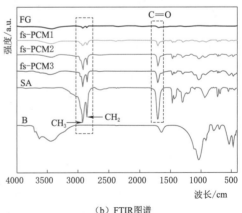

(a) XRD图谱   (b) FTIR图谱

图 5 - 30   复合相变储热材料的 XRD 图谱和 FTIR 图谱

学兼容性。此外，—CH 处的特征吸收峰在 fs－PCM3 中强度最大，更多的硬脂酸被吸附进支撑基体层间，与 XRD 特征衍射峰强度的变化行为类似，将在 TGA 分析中对硬脂酸装载量进行进一步计算。

5.3.2.3 装载量与热稳定性

图 5－31 为复合相变储热材料的 TG－高温 DSC 曲线。鳞片石墨 FG 在 30～600℃ 热分解过程当中相当稳定，几乎不存在质量的消耗，质量损失百分数为 0.02%；硬脂酸只存在一个分解平台，从 180℃ 开始分解到 300℃ 左右时几乎全部分解结束；fs－PCM1、fs－PCM2、fs－PCM3 三种不同复合相变储热材料均在 180℃ 左右开始分解，在 300℃ 之前已基本分解完成，fs－PCM1 最终分解温度为 270℃，稍低于 fs－PCM2 的 275℃，fs－PCM3 最终分解温度为 285℃，于三者当中最高，因而其具有相对更好的热稳定性。此外，fs－PCM1、fs－PCM2、fs－PCM3 质量损失百分比分别为 29.74%、34.85%、41.90%，由此说明基于界面耦合的 FG－CNF－B_m 支撑基体具有更大的相变储热材料装载能力。图 5－31（b）中，根据加热过程的 DSC 曲线，可直观观察到，复合相变储热材料在 45～70℃ 的温度范围内出现向下的吸收峰，发生了热焓值的变化，代表硬脂酸的相变过程；同时，该温度段的积峰面积随硬脂酸装载量的升高而增大，表明复合相变储热材料储热容量得到提升；300℃ 左右出现了一个跳跃点，是硬脂酸分解消失的点，由于硬脂酸与支撑基体材料比热容不同，显热储能能力不同，导致焓值发生了跳跃。为获得更为准确的相变温度及储热容量值，对复合相变储热材料的相变过程进行储热—放热的低温 DSC 扫描。

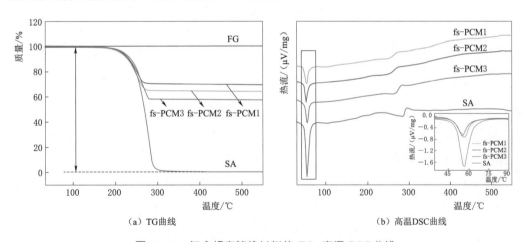

（a）TG曲线　　　　　　　　　　　　（b）高温DSC曲线

图 5－31　复合相变储热材料的 TG－高温 DSC 曲线

5.3.2.4 储热容量与循环稳定性

图 5－32 为硬脂酸和复合相变储热材料的 DSC 曲线，图 5－33 为 fs－PCM3 样品的第 50 次储热—放热循环曲线及循环过程相变潜热变化值曲线，表 5－11 为硬脂酸和所制备的复合相变储热材料的储热性能参数。图 5－32 中所有样品在储热和放热过

程中分别只存在一个相变过程，fs-PCM1、fs-PCM2、fs-PCM3 熔化过程相变潜热值分别为 53.31J/g、65.78J/g、79.13J/g，冷却过程相变潜热值为 53.10J/g、65.19J/g、79.13J/g，fs-PCM 在三种复合相变储热材料中具有最高的储热容量。通过测量相变温度，得到三种复合相变储热材料的熔化相变温度分布在 51.84～52.90℃，冷却相变温度分布在 53.10～53.50℃，熔融与冷却相变温差较小。其中，fs-PCM 的熔融和冷却温度分别为 52.01℃和 53.43℃。

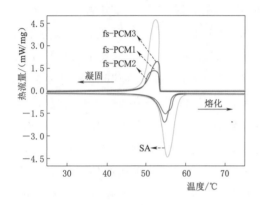

图 5-32 硬脂酸和复合相变储热材料的 DSC 曲线

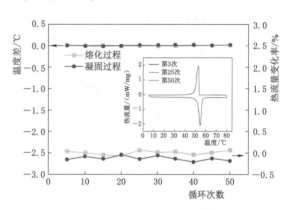

图 5-33 fs-PCM3 样品的第 50 次储热—放热循环曲线及循环过程相变潜热变化值曲线

表 5-11 硬脂酸和复合相变储热材料的储热性能参数

样品	装载量	熔融温度 T_m /℃	冷却温度 T_f /℃	熔融潜热 ΔH_m /(J/g)	冷却潜热 ΔH_f /(J/g)	理论潜热值 ΔH_{th} /(J/g)	结晶度 F_c/%	硬脂酸单位质量能效 E_{ef} /(J/g)
SA	100	52.90	53.10	191.60	190.00	—	100	—
fs-PCM1	29.74	52.13	53.50	53.31	53.10	56.98	93.57	179.28
fs-PCM2	34.85	51.84	53.32	65.78	65.19	66.77	98.51	188.74
fs-PCM3	41.90	52.01	53.43	79.13	79.13	80.28	98.56	188.84

通过计算复合相变储热材料的结晶度 F_c [式 (5-2)] 和单位质量储能密度 E_{ef}，揭示复合相变储热材料的储能效率和相变行为，F_c 代表支撑基体结构和相互作用力等对硬脂酸结晶行为的影响，E_{ef} 是评价储能效率较为直观与准确的参数。fs-PCM3（98.56%）拥有比 fs-PCM2（93.57%）、fs-PCM2（98.51%）更高的结晶度，反映该样品中大部分硬脂酸都能正常熔融与结晶，仅存在少部分硬脂酸，在微孔结构的毛细管作用力下，无法结晶而成为无序硬脂酸，不能发挥存储与释放热量的能力[124,152-153]。基于 F_c 计算得到 fs-PCM1、fs-PCM2、fs-PCM3 的 E_{ef} 分别为 179.28J/g、188.74J/g、188.84J/g，fs-PCM3 相对于其他三种复合相变储热材料而言，具有更高的单位质量储能密度。

图 5-33 为经历 50 次储热—放热循环后的 fs-PCM3 复合相变储热材料，分别选

取第 3 次、第 25 次、第 50 次循环曲线进行对比后发现，不同循环次数下，相变过程的峰形并未发生改变，相变温度变化很小，三条曲线基本重合。通过对循环过程不同循环次数下相变潜热值的变化量和相变温度的变化量进行作图，结果显示潜热值和相变温度的变化量在一定的小范围内波动。第 50 次循环时，熔融和冷却过程相变潜热变化值分别为 0.05％和 0.15％，相变温度变化值分别为 0.01℃和－0.01℃。表明 fs－PCM3 复合材料在多次储热—放热相变过程中热性能衰减较少，热循环性能稳定。

5.3.2.5　导热性能与储放热性能

图 5－34 为制备过程中石墨类样品的导热系数柱状图。样品 FG、FG－CNF、FG/

B、FG－CNF/B、FG－CNF/B$_m$、FG－CNF－B$_m$、SA、fs－PCM3 的导热系数测定值分别为 5.471W/（m・K）、5.944W/（m・K）、4.176W/（m・K）、4.499W/（m・K）、4.291W/（m・K）、4.595W/（m・K）、0.267W/（m・K）、2.803W/（m・K）。根据声子传播理论[154]，混合物中，两种不同材料的界面之间受随机几何接触、微弱的物理相互作用影响，会发生严重的声子散射，"化学键合"作用在界面之间形成桥连的热通道，从而有助于热传导的进行。因此，通

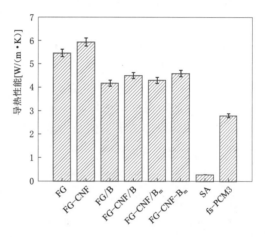

图 5－34　制备过程中石墨类样品的导热系数柱状图

过对比不同样品之间的导热系数来探究这一过程：生长了碳纳米纤维的 FG－CNF 样品导热系数为 5.944W/（m・K），高于鳞片石墨 FG 的导热系数 5.471W/（m・K），生长于鳞片石墨表层的碳纳米纤维能够填充于鳞片石墨压片的间隙之间，在一定程度上有助于热量的传导，提升导热系数值；膨润土导热性能对于石墨类材料而言相对较低 [1.0W/（m・K）左右[155]]，含有膨润土成分的支撑基体导热系数要总体低于无膨润土成分的石墨类支撑基体；FG－CNF/B [4.499W/（m・K）] 的导热系数要优于 FG/B [4.176W/（m・K）]，部分原因在于，生长于鳞片石墨表面的 CNF 能够增加与膨润土的热交换面积，提高导热系数；FG－CNF－B$_m$ [4.595W/（m・K）] 导热系数要高于 FG－CNF/B$_m$ [4.291W/（m・K）]，其中，FG－CNF 与 B$_m$ 之间不仅具有较大的传热面积，同时能够利用界面耦合的"化学键合"传热通道增加导热路径。最后，测定了复合材料 fs－PCM3 的导热系数为 2.803W/（m・K），是纯硬脂酸 [0.267W/（m・K）] 的 10.50 倍，石墨的加入能极大地提高复合材料的导热性能。

采用所设计的储放热性能测试装置对 fs－PCM3 的储放热速率进行了测试，获得了纯硬脂酸和 fs－PCM3 复合相变储热材料的储放热过程曲线图，测试过程中初始加

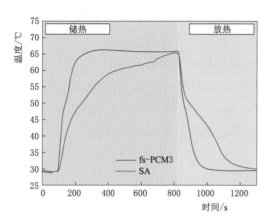

图 5-35 硬脂酸和 fs-PCM3 复合
材料的储放热曲线

热温度和最终平衡温度都一致。如图 5-35 所示，在 45~55℃温度范围内两个样品均出现了储热和放热的相变平台，且硬脂酸的相变平台相对 fs-PCM3 复合相变储热材料而言要宽，整个储热和放热过程中，硬脂酸的速率要明显低于复合相变储热材料，由此证实具有高导热性能的复合相变储热材料储放热速率更快，传热效率更高。加热过程中，fs-PCM3 在第 245s 左右时间达到平衡温度，硬脂酸耗费了将近 3 倍的时间，在第 708s 附近达到最终平衡温度；冷却过程中，fs-PCM3 冷却至初始温度的时间为 208s，纯硬脂酸为 476s，说明 fs-PCM 复合相变储热材料的高导热性能有效提升储放热速率，促进热量交换。

5.3.2.6 瞬态温度响应行为

为了更直观地得到储放热过程中相变储热材料的温度响应行为，对材料进行了红外热像测试。图 5-36 为硬脂酸和 fs-PCM3 复合相变储热材料加热过程中不同时间点的红外热像图，以及对应的平均温度和瞬时温度响应曲线。图 5-36 中小图为样品测试过程中制样模具，样品在 8MPa 压力下被压制成圆柱形小圆片（ϕ20mm×2mm），再置于铝箔纸的模具之中以保持受热均匀。加热测试过程中 [图 5-36 (a)]，fs-PCM3 和硬脂酸从同一初始室温开始加热，一段时间后，可以明显观察到，fs-PCM3 先于硬脂酸达到终点温度，颜色接近背景颜色，即在第 565s 时达到了近似热源的平衡温度。加热期间温度响应行为由图 5-36 (c) 记录可知，复合相变储热材料的升温速率明显要快于硬脂酸。冷却测试过程中 [图 5-36 (b)]，fs-PCM3 和硬脂酸从同一稳定初始高温进行冷却，在第 135s 时 fs-PCM3 冷却至室温，颜色融入背景颜色，难以辨别，而此时硬脂酸依旧处于较高温度。对应的冷却期间温度响应行为由图 5-36 (d) 记录可知，复合相变储热材料降温速率明显快于硬脂酸。最后结论得出，复合相变储热材料相对纯相变储热材料能更快地响应温度变化，热交换效率更高。

5.3.3 小结

以鳞片石墨、膨润土、硬脂酸为基础原料，采用 CVD 法在鳞片石墨基底上生长碳纳米纤维，将纯化后膨润土进行改性，通过"化学键合"作用将两者进行耦合，制备三元体系 FG-CNF-B$_m$ 支撑基体，装载硬脂酸制备定型复合相变储热材料，最终达到导热系数与储热容量协同强化的目的。探究鳞片石墨—碳纳米纤维—膨润土组合

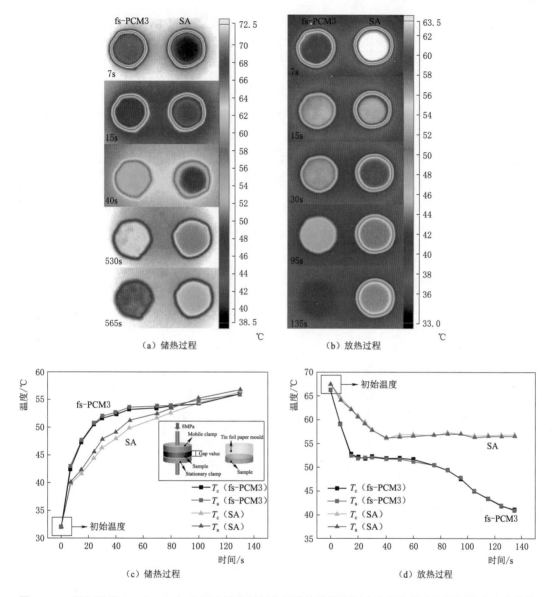

图 5-36　硬脂酸和 fs-PCM3 复合相变储热材料的红外热像图和对应的平均温度及瞬时温度响应曲线
T_c—瞬时温度；T_a—平均温度

协同强化储热性能的效果如下：

（1）研究了基于界面耦合作用的 FG-CNF-B$_m$ 支撑基体的合成效果。对膨润土改性前后晶体结构、化学性质等进行分析，获得了膨润土的 APTES 改性效果；对 CNF 生长结果进行表面形貌、物相分析，证实了 CNF 的生长效果；对支撑基体耦合前后形貌特征、元素含量、晶体结构、化学性质进行分析，得到了"化学键合"的实现可行性。

（2）考察了鳞片石墨表面生长 CNF 提升支撑基体储存空间的效果，CNF 生长形成的三维网络结构为硬脂酸的负载提供了更多储存空间，复合相变储热材料 fs-

PCM3 的装载量高达 41.90%，优于无网络结构的复合相变储热材料的装载量。

（3）耦合后的 FG-CNF-B$_m$ [4.595W/(m·K)] 支撑基体导热系高于未耦合支撑基体 FG-CNF/B$_m$ [4.291W/(m·K)]，"化学键合"的耦合行为能够实现 CNF 和膨润土界面的连接，提供传热路径，减少界面热阻。

（4）基于界面耦合的支撑基体 FG-CNF-B$_m$ 材料实现了支撑基体储热特征包括导热系数和储存空间的协同提升，从而同时增强了复合相变储热材料的导热性能和储热容量：最终复合相变储热材料具有高的硬脂酸结晶度（98.56%）、单位质量能量密度（188.84J/g），熔融和冷却相变潜热值分别为 79.13J/g 和 79.13J/g。经 50 次储放热循环后，fs-PCM3 样品的熔融相变潜热值变化仅为 0.05%，热循环稳定性良好，在高导热支撑基体的作用下 fs-PCM3 样品的导热系数相对纯硬脂酸提升了 10.50 倍。

5.4　多种石墨矿物调控硬脂酸储热性能的研究

大量的碳基材料不仅可以提高相变储热材料的导热性能，而且可以稳定相变储热材料的形状，防止相变储热材料的泄漏。碳基材料如碳纤维、碳纳米管、碳纳米颗粒、氧化石墨烯、膨胀石墨、石墨泡沫、石墨烯气凝胶等已被广泛地研究。对各种石墨的研究已经很多，但对微晶石墨的研究报道很少，对不同结构石墨的比较研究更是少见。

本节选取三种具有代表性的石墨矿物进行实验研究，并以硬脂酸作为相变储热材料来研究这三种不同结构的石墨对硬脂酸热性能的影响，其中：采用 XRD、FTIR 和 SEM 对硬脂酸及其复合相变储热材料进行表征；通过热重、差示扫描量热、储热和放热实验以及红外热像图对硬脂酸及其复合相变储热材料的热稳定性和热性能进行详细的研究；研究复合相变储热材料的光热转换性能，探讨 SA/EG 在锂离子电池热管理方面的应用。

5.4.1　实验内容

5.4.1.1　实验步骤

实验采用微晶石墨（microcrystalline graphite，MG）、鳞片石墨（scale graphite，SG）、膨胀石墨（expanded graphite，EG）为基体材料，所有原料先于 105℃ 干燥箱中干燥 2h。选择潜热值高、价格低廉的硬脂酸（Stearic acid，SA）为相变储热材料。具体实验步骤如下：

（1）采用真空浸渍法制备复合相变储热材料：首先将硬脂酸和微晶石墨、鳞片石墨、膨胀石墨原料分别混合均匀后置于锥形瓶中，将锥形瓶常温下抽真空至 -0.1MPa 维持 5min，置于 95℃ 恒温水浴条件下反应 30min 后再置于 80℃ 加热型超声水浴装置中超声 5min，反应完毕后平衡压力至常压。将锥形瓶中材料置于 80℃ 温度下热过滤 10h，以除去多余硬脂酸得到三种复合相变储热材料，标记为 SA/MG、SA/SG、SA/EG。

（2）采用乙醇法制备复合相变储热材料：首先将不同质量的硬脂酸完全溶解在含有相同体积乙醇的锥形瓶中；然后加入不同质量的微晶石墨和膨胀石墨；瓶口封好后，放入 40℃恒温水浴锅中 30min，同时进行磁力搅拌；最后在超声波清洗机振荡 5min，倒入滤纸过滤掉多余的乙醇和硬脂酸后，在 60℃干燥箱中干燥 10 h，得到两种复合相变储热材料，分别标记为 SA/MG1 和 SA/EG1。

5.4.1.2　表征测试

通过 SEM 观察样品表面的微观形貌特征，观察相变储热材料与基体材料的复合情况。通过 X-射线衍射分析表征了样品的晶体结构，得到样品的特征衍射峰。通过热重分析测试探究了样品的热稳定性能以及复合相变储热材料中硬脂酸的负载量。采用 DSC 分析测试获得样品的熔融和凝固相变温度、潜热值等热物理参数。采用稳态导热系数测试仪测定样品的导热系数。使用设计的储/放热测试平台探究样品的储/放热性能，得到时间—温度曲线。利用热红外仪获得样品的热红外图像，探究样品瞬态温度响应行为。使用太阳光模拟器测试样品的光—热转换性能。

5.4.2　结果与讨论

5.4.2.1　表面形貌和微观结构

图 5-37 是 MG、SG、EG、SA/MG、SA/SG 和 SA/EG 的扫描电镜图像。在图 5-37（a）中可以观察到 MG 的不规则片状结构；图 5-37（d）中已经很难观察到 MG，SA 成功地浸渍到 MG 中。如图 5-37（b）所示，SG 整体结构致密，表面不光滑，裂纹明显；SG 的致密结构抑制了浸渍过程中熔化的 SA 浸渍入 SG，只有少量 SA 附着在 SG 表面 [图 5-37（e）]。MG 和 SG 为二维结构，但 MG 的粒径比 SG 小几百倍。EG 整体上呈蠕虫状三维结构，内部具有很多孔隙 [图 5-37（c）]；SA 成功地浸渍到 EG 的多层骨架和孔隙中 [图 5-37（f）]；由于 EG 的毛细力和表面张力的作用，SA 在 EG 中分布均匀，无渗漏，复合相变储热材料呈现饱满的形状。同时可以观察到三种基体与 SA 的两相界面结合紧密，没有明显的相分离，显示出良好的相容性。

5.4.2.2　晶体结构和化学兼容性

MG、SG 和 EG 的 XRD 谱图如图 5-38（a）所示，SA、SA/MG、SA/SG 和 SA/EG 的 XRD 谱图如图 5-38（b）所示。MG、SG 和 EG 均在 $2\theta = 26.57°$ 处显示出强衍射峰，在 $2\theta = 54.65°$ 处显示出较弱的衍射峰。SA 在 $2\theta = 21.36°$ 和 $2\theta = 23.60°$ 处的 XRD 衍射峰如图 5-38（b）所示。SA、MG 和 EG 的衍射峰均出现在 SA/MG 和 SA/EG 复合相变储热材料中。由于 SA 在 SG 中的负载量较小，SG 的衍射峰远强于 SA，所以 SA/SG 中的 SA 衍射峰不明显。结果表明，在 MG、SG 和 EG 中成功地负载了 SA，

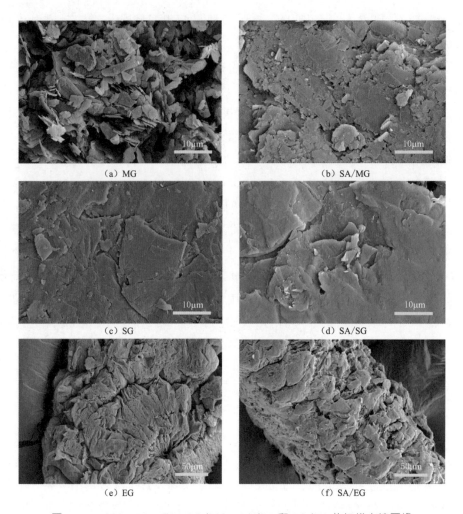

图 5 - 37　MG、SG、EG、SA/MG、SA/SG 和 SA/EG 的扫描电镜图像

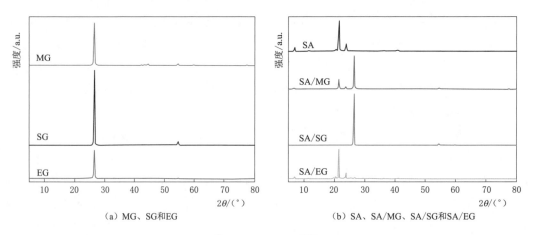

（a）MG、SG和EG　　　　　　　（b）SA、SA/MG、SA/SG和SA/EG

图 5 - 38　XRD 谱图

并且在制备过程中没有破坏 MG、SG 和 EG 的晶体结构。复合相变储热材料的衍射峰强度随 SA 量的增多而增大。另外，SA/SG 中 SA 的衍射峰均弱于纯 SA、SA/MG 和 SA/EG 中 SA 的衍射峰，这是由于 SA/SG 中 SA 含量太少导致衍射峰强度下降所致。

图 5-39 为 MG、SG、EG、SA、SA/MG、SA/SG 和 SA/EG 的 FTIR 谱图。MG、SG 和 EG 在 1631cm^{-1} 处的特征振动峰为 C＝C 官能团的伸缩振动峰。SA 的特征峰包括－CH（～2920cm^{-1} 和～2851cm^{-1}）的对称和反对称伸缩振动峰，羧酸中 C＝O 的伸缩振动峰（1702cm^{-1}），以及其他明显的具有代表性的峰均出现在 SA/MG、SA/SG 和 SA/EG 的复合相变储热材料中。除 SA 和基体的峰外，没有其他峰出现，表明载体与 SA 之间没有发生化学反应，说明它们之间具有较好的化学相容性。

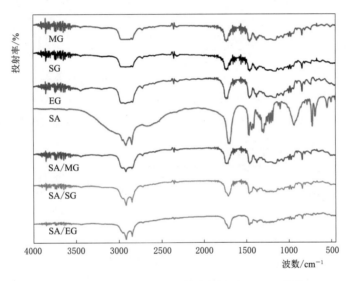

图 5-39　硬脂酸和复合相变储热材料 FTIR 谱图

5.4.2.3　装载量与热稳定性

硬脂酸和复合相变储热材料的 TG 曲线如图 5-40 所示。硬脂酸和复合相变储热材料在 180℃ 左右开始分解，所有样品只有一个分解阶段。SA/MG、SA/SG、SA/EG 的负载率分别为 43.61%、18.74%、92.66%。SA/MG1 和 SA/EG1 的负载率分别为 18.98% 和 18.80%。硬脂酸、SA/MG 和 SA/EG 的完全分解温度约为 300℃。SA/EG1（330℃）的最终分解温度高于 SA/MG1（270℃）和 SA/SG（260℃）。结果表明，SA/EG1 具有较好的稳定性。当温度低于 180℃ 时，硬脂酸及其复合相变储热材料在整个热解过程中没有明显的失重，表明该复合相变储热材料在 180℃ 以下具有很好的热稳定性，该复合相变储热材料完全可以在 180℃ 下使用。

5.4.2.4　相变储热容量

为了精确地获得相变温度和潜热值，用低温差示扫描量热法测试了硬脂酸和复合相变储热材料（图 5-41），表 5-12 为对应的详细热性能参数。在熔融和冷却过程中，所有样品只有一个单峰。硬脂酸冷却过程的相变温度为 53.10℃、熔化过程相变温度为 52.90℃；复合相变储热材料冷却过程的相变温度范围为 53.69～53.91℃、熔化过程相变温度变化范围为 50.32～53.11℃。结果表明，复合相变储热材料具有与硬脂酸相似的熔化温度和凝固温度。

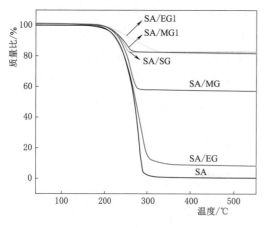

图 5-40　硬脂酸和复合相变储热材料的 TG 曲线　　图 5-41　硬脂酸和复合相变储热材料的 DSC 曲线

表 5-12　　　　　　　　　　硬脂酸和复合相变储热材料的热性能参数

样品	装载量 $/\beta$	熔融温度 $T_f/℃$	熔融潜热 ΔH_f $/(J/g)$	冷却温度 $T_f/℃$	冷却潜热 ΔH_f $/(J/g)$	理论潜热值 ΔH_{th} $/(J/g)$	结晶度 $F_c/\%$	硬脂酸单位质量能效 E_{ef} $/(J/g)$
SA	100	52.90	53.10	191.60	190.00	—	100	—
SA/MG	43.61	52.84	53.82	83.16	83.13	83.56	99.52	190.68
SA/SG	18.74	53.11	53.87	34.93	34.35	35.91	97.27	186.37
SA/EG	92.66	52.59	53.69	176.60	176.10	177.54	99.47	190.58
SA/MG1	18.98	52.95	53.77	36.26	36.15	36.36	99.72	191.06
SA/EG1	18.80	50.32	53.91	35.19	34.87	36.02	97.69	187.17

注：$\Delta H_{th}=\Delta H_{pure}\times\beta$；$E_{ef}=\Delta H_{pure}\times F_c$，$\Delta H_{pure}$ 为纯样品潜热值。

复合相变储热材料的潜热值是其工程应用的关键因素之一，其对储热容量有很大的影响。由表 5-12 可知，SA/MG、SA/SG、SA/EG、SA/MG1 和 SA/EG1 熔化过程中的潜热值分别为的 83.16J/g、34.93J/g、176.6J/g、36.26J/g 和 35.19J/g，冷却过程中的潜热值分别为 83.13J/g、34.35J/g、176.1J/g、36.15J/g 和 34.87J/g。硬脂酸的熔化潜热和凝固潜热值分别为 191.6J/g 和 191.0J/g。毫无疑问，SA/EG 比其他复合相变储热材料具有更大的储热能力，这是由于更多的硬脂酸被稳定在膨胀石墨的内部结构中。

此外，当相变储热材料被基体稳定时，它们之间将会产生相互作用力（氢键、表面张力、范德华力、毛细力），从而对潜热值产生影响。因此，通过结晶度 F_c、理论

潜热 ΔH_{th} 和硬脂酸的单位质量有效能量 E_{ef} 三个重要参数对复合相变储热材料的相变特性进行了深入计算和分析。计算结果见表 5.12。结果表明，SA/SG 和 SA/EG1 的结晶度分别为 97.27% 和 97.69%，低于其他复合相变储热材料。SA/MG、SA/EG 和 SA/MG1 的 F_c 值分别为 99.72%、99.52% 和 99.47%。SA/MG、SA/EG 和 SA/MG1 的 E_{ef} 值相似，分别为 190.68J/g、190.58J/g 和 191.06J/g。

5.4.2.5 导热性能与储放热性能

高导热系数可以缩短热能的储存和释放时间。纯硬脂酸的导热系数较低 [0.267W/(m·K)]。SA/MG、SA/SG、SA/EG、SA/MG1 和 SA/EG1 的导热系数分别为 3.117W/(m·K)、4.501W/(m·K)、2.890W/(m·K)、5.035W/(m·K) 和 5.736W/(m·K)（图 5-42）。复合相变储热材料的导热系数是纯硬脂酸的 10.82~22.06 倍。SA/EG1 复合相变储热材料的导热系数最高。与 SA/SG 和 SA/MG 相比，SA/EG1 的热导率分别比 SA/MG1 和 SA/SG 高出 13.92% 和 30.48%。随着 SA/MG、SA/MG1 和 SA/EG、SA/EG1 中 SA 含量的增加，它们的导热系数降低。

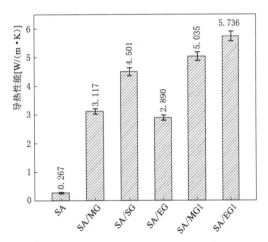

图 5-42　硬脂酸和复合相变储热材料的导热系数

图 5-43 为纯硬脂酸、SA/MG、SA/SG、SA/EG、SA/MG1 和 SA/EG1 的储热和放热性能的温度变化曲线。样品填充在圆柱形模具中，在该模具中插入热电偶以记录热储热和放热过程的温度。在储热过程开始之前，纯硬脂酸和复合相变储热材料的温度稳定在 16℃。由图 5-43（a）可以看出，一方面，硬脂酸和复合相变储热材料的温度迅速上升，SA/MG、SA/SG 和 SA/EG 在储热过程中的温度上升速率几乎相同；复合相变储热材料的温度增长速率明显快于纯硬脂酸，这是因为复合相变储热材料的导热系数大于纯硬脂酸。将模具中的温度达到 55℃，硬脂酸在 278 s 达到 55℃，而 SA/MG、SA/SG、SA/EG 分别用时 86s、64s 和 97s，它们的储热时间比硬脂酸分别缩短了 4.1 倍、4.3 倍和 2.9 倍。在 683s 时，所有样品达到平衡温度（约 62℃），然后进行放热过程实验。从平衡温度到 30℃，纯硬脂酸用时 173s，而 SA/MG、SA/SG 和 SA/EG 分别用时为 42s、32s 和 53s，放热时间分别减少了 4.1 倍、5.4 倍和 3.3 倍。另一方面，复合相变储热材料的温度曲线斜率相似，加热初期 SA/SG 与 SA/MG1 的温差很小。升温过程中，在 45℃以前，SA/EG1 的温度增长速率最大，SA/SG 最小；SA/MG1、SA/SG、SA/EG1 分别用时 91s、112s 和 68s 达到 60℃。在放热过程中，SA/EG1 的降温速度快于 SA/

MG1 和 SA/SG，SA/SG 的降温速率最慢：取时间为 250s 时读取材料的温度，SA/EG1（17.6℃）的温度低于 SA/MG1（19.2℃）和 SA/SG（19.3℃）。结果表明，复合相变储热材料的储热和放热性能优于纯硬脂酸；SA/EG1 的放热性能优于 SA/SG 和 SA/MG1。

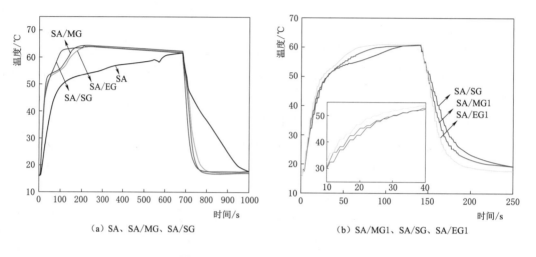

(a) SA、SA/MG、SA/SG　　　　　　(b) SA/MG1、SA/SG、SA/EG1

图 5-43　不同样品的储放热曲线

5.4.2.6　瞬态温度响应

通过 SA、SA/MG、SA/SG、SA/EG、SA/MG1 和 SA/EG1 的热红外图像来直观地观察加热和冷却过程中样品的表面瞬态温度变化。样品在圆形模具（直径 2cm）中压制成相同厚度（2mm）。加热过程中加热板温度为 70℃，冷却过程中样品在室温下冷却。图 5-44（a）和图 5-44（b）显示出了相应的热红外图像，其中不同的颜色表示不同的温度。热红外图像通过颜色变化反映出温度变化，从而直观显示储热和散热能力。从图 5-44（a）和图 5-44（c）可以清楚地看到，在加热过程中，SA/MG、SA/SG、SA/EG 的中心点温度在最初的 40s 内上升的速度比纯硬脂酸快。SA/SG 和 SA/MG1 的中心点温度在 40s 前基本相等，其中心点温度和增长速率在 30s 内均低于 SA/EG1。冷却过程中，SA/MG1、SA/SG 和 SA/EG1 的温度下降速度快于 SA/MG 和 SA/EG，且 SA 的温度在前 25s 下降最慢 [图 5-44（d）]。在 70s 之前，SA、SA/EG、SA/MG 的温度高于 SA/MG1、SA/SG 和 SA/EG1，这是由于它们具有较高的硬脂酸负载量 [图 5-44（b）、图 5-44（c）]。40 s 后 SA/EG1 已冷却至室温，在红外热像图上几乎看不到，而 SA/MG1 和 SA/SG 仍处于高温状态 [图 5-44（b）]。在 120s 时，SA/EG1（22.4℃）的温度低于 SA/MG1（23.5℃）和 SA/SG（26.4℃），这些颜色的变化反映了复合相变储热材料在储热和放热过程中比纯硬脂酸具有更好的传热性能。SA/EG1 比 SA/SG 和 SA/MG1 对温度变化更敏感。

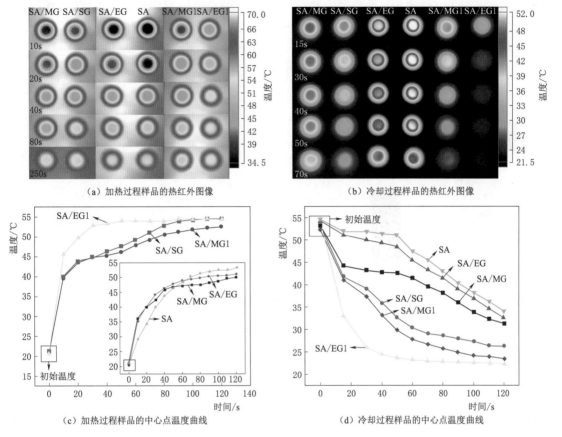

（a）加热过程样品的热红外图像　　　　　　（b）冷却过程样品的热红外图像

（c）加热过程样品的中心点温度曲线　　　　　（d）冷却过程样品的中心点温度曲线

图 5-44　热红外图片及温度曲线

5.4.2.7　光热转换性能

光热转换与存储技术操作简单且经济。在光热转换和储存过程中，太阳光首先转化为热能，然后热量大部分作为潜热被存储在相变储热材料中。如图 5-45（a）所示，实验装置由光热转换系统和数据采集系统组成。在太阳模拟器下，将样品装入一个亚克力槽（20mm×20mm×5mm）中。SA/MG、SA/SG、SA/EG、SA/MG1 和 SA/EG1 的密度分别为 410.40g/cm³、457.65g/cm³、304.90g/cm³、271.25g/cm³ 和 80.45g/cm³。太阳能模拟器开启时进行储热，1920s 后设备关闭，复合相变储热材料在室温下冷却。如图 5-45（b）所示，所有复合相变储热材料的温度在太阳照射下迅速升高。SA/EG1、SA/MG1、SA/MG、SA/SG 和 SA/EG 从室温升高到 53℃ 分别用了 774s、879s、990s、1135s 和 1192s。在加热过程中，SA/EG1 的最终温度（58.1℃）高于 SA/MG1（57.5℃）、SA/MG（56.9℃）、SA/SG（55.9℃）和 SA/EG（55.4℃）。与 SA/EG1 和 SA/MG1 相比，SA/SG 虽然具有相同的硬脂酸负载量，但其光热转换和储存性能最差。这是因为一方面 SA/SG 的粒径大于 SA/MG1 和 SA/EG1 的，且具有较高的反射率；另一方面 EG 作为一种有效的光捕获和分子加热器的作用[124]，在冷却过程中，SA/MG 和 SA/EG 的温度曲线相似，由于它们负载量较大，所以相变过程较长。SA/MG1、SA/SG 和 SA/EG1 的温度曲线相似。虽然它们的最终温度不同，但在 3000 s 的温度相同，说明由于 EG 的多层结构，SA/EG1 比 SA/SG 和 SA/MG1 具有更好的光热转换性能，SG 的大粒径不利于光热转换和存储。

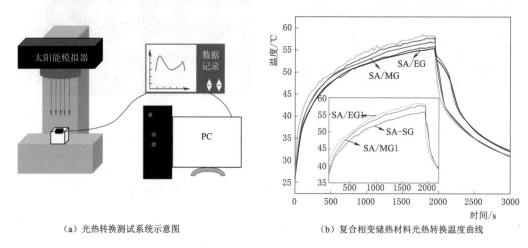

(a) 光热转换测试系统示意图 (b) 复合相变储热材料光热转换温度曲线

图 5 - 45 光热转换与存储

第6章

膨胀石墨基相变储热材料

本章以膨胀石墨（EG）为支撑基体，负载不同类型的相变材料，构筑膨胀石墨基复合相变储热材料，开展了形貌、成分表征和储热性能测试等方面的研究。

以硬脂酸（SA）为相变储热介质，通过浸渍法制备了 SA/EG 复合相变储热材料。对比复合前后材料的微观形貌、晶体结构和化学成分，证实了 SA 被成功装载至 EG 中，且具有良好的化学稳定性。纯 SA、SA/EG_2、SA/EG_6 和 SA/EG_{10} 的熔融相变潜热分别为 189.7J/g、171.9J/g、163.5J/g 和 154.2J/g，导热系数分别为 0.26W/(m·K)、0.75W/(m·K)、2.50W/(m·K) 和 3.56W/(m·K)。

以无机水合盐十水硫酸钠（SSD）为相变储热介质，通过添加成核剂、增稠剂等（CBO）使过冷度由 27.31℃降至 5.99℃，且与膨胀石墨复合后的 SSD-CBO/EG 复合材料无相分离现象，过冷度抑制情况良好，各成分间无化学反应产生。SSD-CBO/EG 复合材料的熔融潜热值为 114.0～123.6J/g，导热系数为 1.25～1.96W/(m·K)。$SSD-CBO/EG_7$ 经 50 次 DSC 热循环后熔融潜热值降低 9.16%。SSD-CBO/EG 复合材料的储热速率提升 24.1%～36.2%。通过研究膨胀石墨对 SSD-CBO 储热行为的影响，验证得到膨胀石墨越多，放热闭环越弱，建立了膨胀石墨与复合相变储热材料储热行为之间的关系。

采用膨胀石墨、多层石墨烯两种高导热基体负载正二十烷，制备复合相变储热材料，对比两种基体下复合相变储热材料的储热性能。结果表明，膨胀石墨、多层石墨烯对正二十烷的最大负载量分别为 86.47%（质量百分数）和 56.98%（质量百分数）；当支撑基体添加量均为 15wt.%时，$C20/EG_{15}$ 和 $C20/MLG_{15}$ 的熔融和冷却潜热值分别为 199.4J/g 和 199.2J/g，215.0J/g 和 214.8J/g。50 次 DSC 热循环后 $C20/EG_{15}$ 和 $C20/MLG_{45}$ 的熔融潜热值分别变化了 0.28% 和 0.07%。

基于能源、材料、矿物等学科交叉思想，挖掘膨胀石墨储热特征，以膨胀石墨为支撑基体负载有机和无机相变储热材料，实现相变储热材料的性能调控，开展膨胀石墨基复合相变储热材料的应用基础研究，旨在为高性能、低成本相变储热材料的制备与应用提供新思路。

6.1 硬脂酸/膨胀石墨复合相变储热材料的研究

6.1.1 硬脂酸/膨胀石墨复合相变储热材料的制备

本实验选用高纯度膨胀石墨（含碳量99%）作为支撑基体，通过熔融浸渍法与硬脂酸混合，制备硬脂酸/膨胀石墨复合相变储热材料。

熔融浸渍法制备复合相变储热材料：实验装置如图6-1所示，首先称取9.8g硬脂酸和0.2g膨胀石墨先后倒入锥形瓶中，搅拌均匀，并将磁力搅拌转子放入混合材料中，密封锥形瓶，保持5min；然后将锥形瓶放置于80℃恒温水浴锅中30min，并开启磁力搅拌；最后将锥形瓶放入80℃水浴中超声5min。待冷却后，取出密封塞，使空气返回锥形瓶中，得到比例为98：2的硬脂酸/膨胀石墨复合相变储热材料，样品编号为SA/EG_2。使用相同制备方法制备比例分别为94：6，90：10的硬脂酸/膨胀石墨复合相变储热材料，并分别编号为SA/EG_6，SA/EG_{10}。

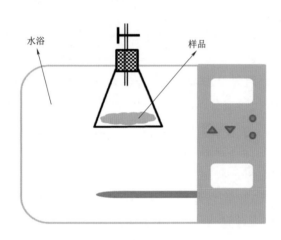

图6-1 熔融浸渍装置示意图

6.1.2 硬脂酸/膨胀石墨复合相变储热材料的结构表征与性能测试

6.1.2.1 形貌分析

测试中采用SEM观察膨胀石墨及复合相变储热材料的形貌。图6-2为不同倍率下EG和SA/EG_6的SEM图。由图6-2（a）可知，膨胀石墨呈现自然卷曲的蠕虫状，宽度约为$300\mu m$；高倍率下可见丰富多样的网状孔隙，孔隙直径为$2\sim8\mu m$。与硬脂酸复合后［图6-2（b）］，样品在低倍率下呈现颗粒状，粒径约为$300\mu m$。由于熔化的硬脂酸被膨胀石墨中的微孔吸附，试样表面较平整，无明显的孔隙结构露出。对比复合前的膨胀石墨，进一步说明其孔隙及表面均吸附了硬脂酸。

6.1.2.2 晶体结构分析

图6-3为硬脂酸（SA）、膨胀石墨（EG）和SA/EG复合相变储热材料的XRD图谱。从中得出，膨胀石墨的XRD衍射峰与PDF标准卡片（PDF♯41-1487）一致，其中$2\theta=26.38°$是膨胀石墨较强的特征峰。与硬脂酸复合后，膨胀石墨的特征衍射峰

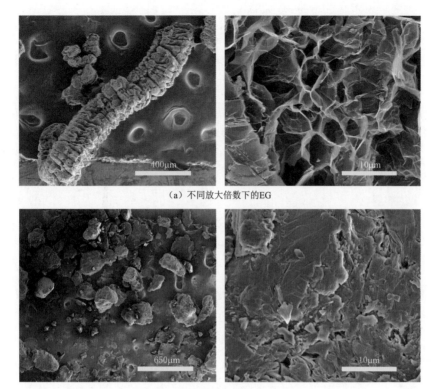

（a）不同放大倍数下的EG

（b）不同放大倍数下的SA/EG₆

图 6-2　不同倍率下 EG 和 SA/EG₆ 的 SEM 图

仍出现在复合材料中，说明熔融浸渍过程中不会破坏膨胀石墨的晶体结构。同时，硬脂酸的特征衍射峰（$2\theta=21.6°$，$24.0°$）也出现在复合物中，表明硬脂酸与膨胀石墨在制备过程中仅发生了物理吸附而无化学变化，没有新物质的生成，初步说明硬脂酸被成功地装载至膨胀石墨中。

6.1.2.3　化学键组成

图 6-4 为硬脂酸（SA）、膨胀石墨（EG）和 SA/EG 复合相变储热材料的 FTIR 图谱。从图中可知，膨胀石墨的特征吸收峰位于 $1631cm^{-1}$。由硬脂酸的 FTIR 谱图可知，$2917cm^{-1}$ 和 $2849cm^{-1}$ 分别为—CH_3 和—CH_2 的对称伸缩振动峰，$1701cm^{-1}$ 为 C═O 的伸缩振动引起的吸收峰，$1471cm^{-1}$ 属于—CH_3 和—CH_2 的伸缩振动峰，$1295cm^{-1}$ 和

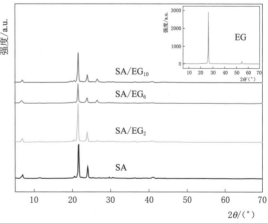

图 6-3　SA、EG 和 SA/EG 复合相变储热材料的 XRD 图谱

$933cm^{-1}$ 为—OH 弯曲振动引起的吸收峰，$719cm^{-1}$ 为—CH_2 的摇摆振动峰。$3750\sim$ $3250cm^{-1}$ 的吸收峰是由于测试中室内水分造成的。与膨胀石墨复合后，硬脂酸位于 $1701cm^{-1}$ 的特征吸收峰与膨胀石墨位于 $1631cm^{-1}$ 的吸收峰重叠，其余特征吸收峰均出现在复合物的 FTIR 图谱（SA/EG_2、SA/EG_6、SA/EG_{10}）中。

通过对比硬脂酸、膨胀石墨及硬脂酸/膨胀石墨复合相变储热材料的 FTIR 图谱，可知：硬脂酸被吸附至膨胀石墨中，除个别特征吸收峰重叠外，并无其他特征吸收峰的产生，进一步说明硬脂酸与膨胀石墨之间没有化学反应，所制备的复合相变储热材料具有良好的化学稳定性。

6.1.2.4 储热容量

图 6-5 为硬脂酸和 SA/EG 复合相变储热材料的 DSC 曲线，样品的储热性能列于表 6-1。由图 6-5 可知，硬脂酸在熔化和冷却过程中分别有一个峰，其熔融相变温度和冷却相变温度分别为 52.91℃ 和 53.10℃。与膨胀石墨复合后，SA/EG 复合材料的相变温度略有升高，主要是由于熔化后的硬脂酸与膨胀石墨的孔隙之间存在表面张力和毛细管作用力等相互作用，这些相互作用力会对硬脂酸的结晶过程产生影响[126]。复合相变储热材料的 DSC 曲线与硬脂酸相似，进一步说明了硬脂酸和膨胀石墨在熔融浸渍过程中未发生化学反应。

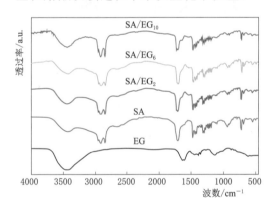

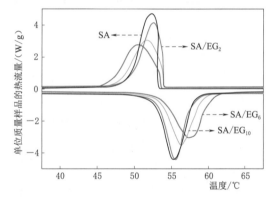

图 6-4　SA、EG 和 SA/EG 复合材料的 FTIR 图谱　　图 6-5　硬脂酸和复合相变储热材料的 DSC 曲线

由图 6-5 可知，硬脂酸的熔融和冷却潜热分别为 189.7J/g 和 192.4J/g，相比之下，复合相变储热材料的相变潜热有所降低：SA/EG_2 的熔融和冷却潜热分别为 171.9J/g 和 173.2J/g。SA/EG_6 的熔融和冷却潜热分别为 163.5J/g 和 167.3J/g；SA/EG_{10} 的熔融和冷却潜热分别为 154.2J/g 和 157.1J/g。根据复合相变储热材料的相变潜热理论值计算方法：复合相变储热材料相变潜热理论值 ΔH_{th}＝纯相变材料潜热值 ΔH_{pure}×复合相变储热材料中相变材料装载量 β，SA/EG_2 的熔融和冷却潜热理论值分别为 185.9J/g 和 188.6J/g。SA/EG_6 的熔融和冷却潜热理论值分别为 178.3J/g 和 180.9J/g；SA/EG_{10} 的熔融和冷却潜热理论值分别为 170.7J/g 和 173.2J/g，即 SA/

EG复合相变储热材料的相变潜热值均低于其理论值。复合相变储热材料相变潜热的降低不仅与相变储热材料含量降低有关，还与相变储热材料在复合相变储热材料中的结晶度有关，由于相变材料与支撑基体之间的相互作用会阻碍相变材料的结晶，无法结晶的相变材料因此不能完成相变，从而降低复合相变储热材料的潜热值[140]。硬脂酸的结晶度的计算[157] 为

$$F_c = \frac{\Delta H_{composite}}{\Delta H_{pure}\beta} \times 100\%$$ (6-1)

式中 F_c——硬脂酸在复合相变储热材料中的结晶度；

$\Delta H_{composite}$——复合相变储热材料的潜热值，由此计算出硬脂酸在复合相变储热材料中的结晶度，见表6-1。

由表6-1可知，硬脂酸在复合相变储热材料中的结晶度均较高，但随着膨胀石墨含量的增加，结晶度呈现降低的趋势，因此膨胀石墨含量最多的SA/EG₁₀中，硬脂酸损失的潜热值最大。

表6-1 硬脂酸和复合相变储热材料的储热性能

样品	硬脂酸含量 $\beta/\%$	熔融温度 $T_m/℃$	冷却温度 $T_f/℃$	熔融潜热 $\Delta H_m/(J/g)$	冷却潜热 $\Delta H_f/(J/g)$	硬脂酸结晶度 $F_c/\%$	硬脂酸单位质量能效 $E_{ef}/(J/g)$
SA	100	52.91	53.10	189.7	192.4	100	—
SA/EG₂	98	53.16	53.91	171.9	173.2	92.5	175.5
SA/EG₆	94	53.51	53.63	163.5	167.3	91.7	174.0
SA/EG₁₀	90	53.28	53.89	154.2	157.1	90.3	171.4

注：$\Delta H_{th} = \Delta H_{pure}\beta$；$E_{ef} = \Delta H_{pure}F_c$。

6.1.2.5 导热系数

硬脂酸和复合相变储热材料的导热系数测试结果如图6-6所示。硬脂酸导热系数较低，为0.26W/(m·K)。添加膨胀石墨复合后，SA/EG₂、SA/EG₆和SA/EG₁₀的导热系数分别为0.75W/(m·K)、2.50W/(m·K)和3.56W/(m·K)。由此可知，采用膨胀石墨支撑硬脂酸，可显著提高硬脂酸的导热系数，SA/EG₂、SA/EG₆和SA/EG₁₀的导热系数提高程度分别为188%、862%和1269%。SA/

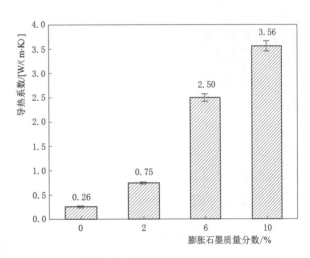

图6-6 硬脂酸和复合相变储热材料的导热系数

EG_6 中单位质量膨胀石墨提升导热系数的程度较 SA/EG_{10} 更为突出。

6.1.2.6 瞬态温度响应

利用瞬态温度响应实验平台,对比纯硬脂酸和硬脂酸/膨胀石墨复合储热材料的瞬态温度响应性能及热扩散性能(图6-7)。图6-7(a)中,初始储热阶段,SA/EG_6 和 SA 起始温度相近;加热后,样品 SA/EG_6 的颜色变化较 SA 更明显,说明前者温度变化更为显著。对比样品的中心温度与平均温度 [图6-7(b)],可知复合相变储热材料 SA/EG_6 在储热开始后一段时间内平均温度明显较 SA 高,其升温速率更快;且对比 SA/EG_6 中心温度与平均温度的差值($0.2℃ \leq \Delta t_1 \leq 1.6℃$)和 SA 中心温度与平均温度差值($0.4℃ \leq \Delta t_2 \leq 2.4℃$),前者中心温度与平均温度更接近,说明其热扩散均匀性更优。当储热进行到120s,两者的温度趋于一致,达到热平衡状态。

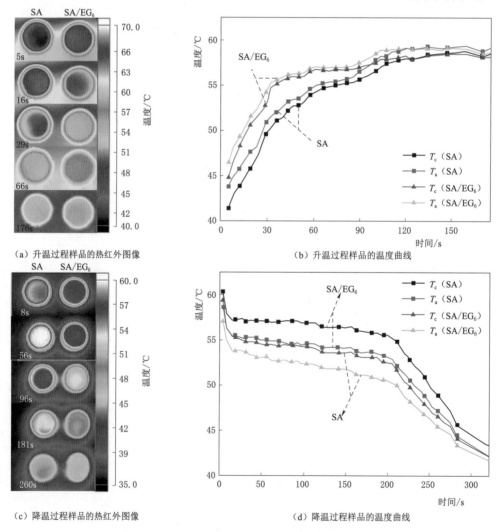

(a)升温过程样品的热红外图像 (b)升温过程样品的温度曲线

(c)降温过程样品的热红外图像 (d)降温过程样品的温度曲线

图6-7 SA 和 SA/EG_6 瞬态温度响应实验结果

样品开始冷却后，SA/EG$_6$ 的温度迅速降低。由图 6 - 7（c）可知，$t=4$s 时纯 SA 和 SA/EG$_6$ 的平均温度分别为 58.6℃ 和 57.0℃。随着降温的进行，样品释放潜热，完成了液-固的相变过程。整个降温过程中，样品 SA/EG$_6$ 的整体温度在同一时间始终低于 SA，说明 SA/EG$_6$ 降温速率更快。对比样品的中心温度与平均温度 [图 6 - 7（d）]，纯 SA 的平均温度与中心温度之间差值的平均值为 2.08℃；SA/EG$_6$ 的平均温度与中心温度之间差值的平均值为 1.59℃，表明样品 SA/EG$_6$ 的温度分布更为均匀，热扩散均匀性更好。

对比硬脂酸与 SA/EG$_6$ 复合相变储热材料的热红外图像和温度变化曲线，加入膨胀石墨后，硬脂酸的瞬态温度响应速率明显提高，热扩散均匀性增强，且瞬态温度响应实验结果与导热系数测试结果一致，进一步说明 SA/EG$_6$ 复合相变储热材料具有更好的瞬态温度响应速率与热扩散均匀性能。

6.2 十水硫酸钠/膨胀石墨复合相变储热材料的研究

6.2.1 材料的制备

称取一定质量十水硫酸钠、成核剂硼砂、增稠剂 CMC 和表面活性剂 OP - 10，按质量比 90：3：2：5 混合均匀后，倒入锥形瓶中密封，将锥形瓶于 50℃ 恒温水浴中加热并搅拌 30min，获得均匀且分散性良好的十水硫酸钠混合材料 SSD - CBO。在制备好的熔融 SSD - CBO 中加入一定质量膨胀石墨，于 50℃ 下充分搅拌 10min，将锥形瓶密封并连接真空泵（图 6 - 8），抽真空至 -0.1MPa 并保持 5min。然后将锥形瓶置于 50℃ 恒温水浴锅中加热 30min。之后，停止抽真空，待样品冷却后取出。最后得到十水硫酸钠混合材料/膨胀石墨复合相变储热材料，编号为 SSD - CBO/EG。为探讨不同膨胀石墨添加量对复合相变储热材料热物性能的影响，采用上述方法制备了三组膨胀石墨添加量质量百分数分别为 5%、6% 和 7% 的样品，分别编号为 SSD - CBO/

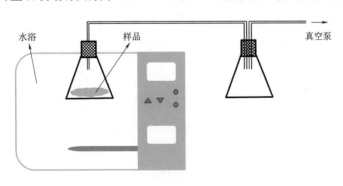

图 6 - 8 真空浸渍装置示意图

EG_5、$SSD-CBO/EG_6$ 和 $SSD-CBO/EG_7$。各样品的添加材料及比例见表 6-2。

表 6-2 样品中各成分含量（质量百分数） %

样品编号	SSD	硼砂	CMC	OP-10	EG
SSD	100	—	—	—	
SSD-CBO	90	3	2	5	—
SSD-CBO/EG₅	85.5	2.85	1.90	4.75	5
SSD-CBO/EG₆	84.6	2.82	1.88	4.70	6
SSD-CBO/EG₇	83.7	2.79	1.86	7.65	7

6.2.2 材料的结构表征与性能测试

6.2.2.1 相分离分析

水合盐相变储热材料的相分离问题是影响材料储热性能和使用寿命的关键因素。图 6-9（a）为不同相变材料经过 50℃ 恒温热水浴加热 30min 后冷却 30min 的图像，纯 SSD 呈现相当严重的相分离现象，十水硫酸钠晶体熔化后，由于 Na_2SO_4 的溶解度较低，无法溶解于水的 Na_2SO_4 沉淀于试管底部，上层液体为饱和 Na_2SO_4 水溶液；由于纤维状材料 CMC 与水分子发生物理吸附，形成絮状溶液，SSD-CBO 经加热熔化后呈半透明胶体，顶层出现少许透明的水溶液，相分离现象较 SSD 有明显改善；加入 EG 后，SSD-CBO/EG 复合材料经加热后均未见水溶液，且无相分离现象。

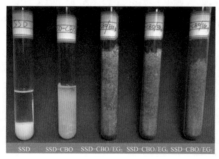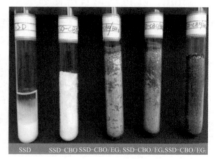

（a）1次加热/冷却循环后　　　　（b）冷却24h后

图 6-9　不同样品的相分离实验

图 6-9（b）为材料在室温（10℃）冷却 24h 后的图像，纯 SSD 由于严重的相分离现象，下层沉淀与上层溶液的界面存在的 Na_2SO_4 通过与上层溶液的水分子结合形成结晶，而底部的 Na_2SO_4 沉淀无法接触到水分子，因此无法形成 $Na_2SO_4 \cdot 10H_2O$ 结晶，上层溶液的顶部也由于缺少游离的 Na_2SO_4 而无结晶现象，因此相分离会严重影响 SSD 的储热性能与使用寿命。形成了絮状液的 SSD-CBO 在冷却 24h 后，成功结晶成白色晶体，且无任何水溶液或分层现象。同样，冷却后的 SSD-CBO/EG 复合

相变储热材料也无相分离现象出现，管内壁观察到的些许白色颗粒材料为 $Na_2SO_4 \cdot 10H_2O$ 晶体，随着膨胀石墨量的增加，管内壁可见的 $Na_2SO_4 \cdot 10H_2O$ 也随之减少。当添加量达到 7%（质量百分数）时，几乎观察不到明显的 $Na_2SO_4 \cdot 10H_2O$ 晶体。

综上所述，制备的混合物 SSD-CBO 大幅度改善了 SSD 的相分离，其中的 CMC 可限制 Na_2SO_4 的游离，使水溶液形成絮状液，改善溶液的分层，促进 $Na_2SO_4 \cdot 10H_2O$ 再结晶。添加膨胀石墨后，SSD-CBO/EG 复合相变储热材料无相分离现象。

6.2.2.2 形貌分析

图 6-10 为 EG 和 SSD-CBO/EG$_7$ 的 SEM 图像。根据图 6-10（a）和图 6-10（b）可知，膨胀石墨具有蠕虫状的微观结构，并且通过石墨薄片相互连接的各种孔形成了网络多孔结构，膨胀石墨的各种孔隙可提供丰富的比表面积[158]。制备的 SSD-CBO/EG$_7$ 复合相变储热材料在低倍率下呈现颗粒状，放大后可见膨胀石墨的表面形成了连续的结晶，结晶包括 $Na_2SO_4 \cdot 10H_2O$ 和其他添加材料。水合盐结晶与膨胀石墨孔隙之间存在的表面张力和毛细管作用力可将熔融态水合盐吸附于孔隙中，从而防止水合盐的泄漏与相分离。因此，具有良好多孔结构的膨胀石墨作为负载水合盐的支撑材料，可有效吸附水合盐，形成相对稳定的复合相变储热材料。

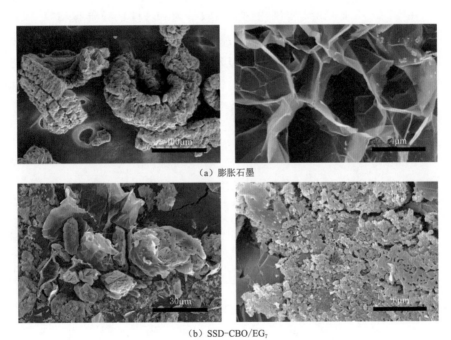

（a）膨胀石墨

（b）SSD-CBO/EG$_7$

图 6-10　EG 和 SSD-CBO/EG$_7$ 的 SEM 图像

6.2.2.3 晶体结构分析

纯 SSD、SSD-CBO 和 SSD-CBO/EG 复合相变储热材料的 XRD 图谱如图 6-11

所示。纯 SSD 在 $2\theta=15°\sim20°$ 的间隔内具有较宽的峰带，并在 $2\theta=18.9°$、$27.3°$、$30.9°$ 和 $31.3°$ 处存在特征衍射峰[159]。膨胀石墨的特征衍射峰位于 $2\theta=26.3°$。与纯 SSD 和 EG 相比，SSD－CBO 和 SSD－CBO/EG 复合相变储热材料的 XRD 图谱具有相似的结构，且在多处出现了较强的衍射峰。其中，硼砂保持了良好的晶体结构，其特征衍射峰位于 $2\theta=16.3°$[160]；CMC 的特征衍射峰位于 $2\theta=20.6°$ 和 $35.9°$[161]。将膨胀石墨添加到混合材料 SSD－CBO 后，由于膨胀石墨与材料的相互作用影响到晶面结构，个别衍射峰的 2θ 有轻微变动。

6.2.2.4　化学键组成

图 6－12 为纯 SSD、SSD－CBO 和 SSD－CBO/EG 复合相变储热材料的 FTIR 图谱，SSD、SSD－CBO 和 SSD－CBO/EG 复合相变储热材料的 FTIR 图谱基本一致。由纯 SSD 的图谱可知：$1110cm^{-1}$ 和 $1458cm^{-1}$ 为 O—SO_2—O 中 S＝O 的对称伸缩振动和不对称拉伸振动峰；$1163cm^{-1}$ 和 $616cm^{-1}$ 分别代表 S－O 的不对称伸缩振动和对称伸缩振动峰[162]。由 SSD－CBO 的图谱可知：在 $840cm^{-1}$ 和 $1637cm^{-1}$ 处观察到较窄的对称带和不对称带，分别对应于 OP－10 中 C－C 的伸缩振动峰和 CMC 中的特征官能团-COO 的振动峰[163-164]；$1375cm^{-1}$ 处的特征峰为 OP－10 中的 CH_3-的对称弯曲振动；在 $2750\sim3000cm^{-1}$ 范围内的宽吸收带为 O－H 的拉伸振动峰[165]，存在于 SSD－CBO 和 SSD－CBO/EG 复合相变储热材料的 FTIR 图谱中，位于 $3450cm^{-1}$ 处的吸收带是由检测期间环境中水分导致的吸收带。EG 位于 $1631cm^{-1}$ 处的特征吸收峰和 SSD 位于 $1110cm^{-1}$ 和 $1458cm^{-1}$ 处的特征吸收峰均出现在 SSD－CBO 和 SSD－CBO/EG 复合材料的 FTIR 图谱中，且没有出现新的吸收峰。

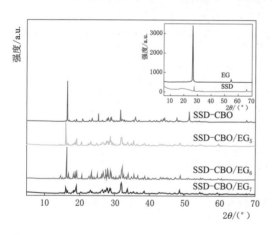
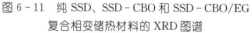
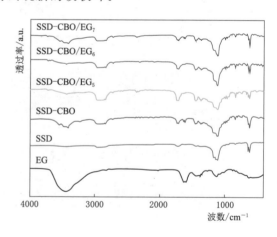

图 6-11　纯 SSD、SSD－CBO 和 SSD－CBO/EG
复合相变储热材料的 XRD 图谱

图 6-12　纯 SSD、SSD－CBO 和 SSD－CBO/EG
复合相变储热材料的 FTIR 图谱

对比 SSD、SSD－CBO 和 SSD－CBO/EG 复合相变储热材料的 XRD 图谱和 FTIR 图谱可知：在实验制备过程中仅发生了物理变化，SSD、EG 和其他材料之间没有发生化学反应，没有新物质的生成，所制备的 SSD-CBO 和 SSD-CBO/EG 复合相变储热材料具有良好的化学稳定性。

6.2.2.5 储热容量与循环性能

图 6-13 为 SSD、SSD-CBO 和 SSD-CBO/EG 复合相变储热材料的 DSC 曲线与 DSC 循环曲线。其中：纯 SSD 有一个吸热峰，其熔融相变温度为 32.24℃，其放热峰位于 5~10℃，由于高过冷度下剧烈放热，放热峰呈较大的闭环状，其冷却相变温度为 4.93℃，过冷度为 27.31℃；加入成核剂、增稠剂后，SSD-CBO 的放热发生于 20~25℃，放热峰较 SSD 缩小，熔融相变温度和冷却相变温度分别为 28.63℃ 和 22.64℃，过冷度仅为 5.99℃，放热峰的闭环得到改善；随着 EG 的添加，放热峰的闭环逐渐缩小，当膨胀石墨添加量为 7wt.% 时，SSD-CBO/EG$_7$ 的放热峰已无闭环出现；SSD-CBO/EG$_5$ 的熔融相变温度和冷却相变温度分别为 31.52℃ 和 23.56℃，SSD-CBO/EG$_6$ 的熔融相变温度和冷却相变温度分别为 31.50℃ 和 21.79℃，SSD-CBO/EG$_7$ 的熔融相变温度和冷却相变温度分别为 31.06℃ 和 23.02℃。

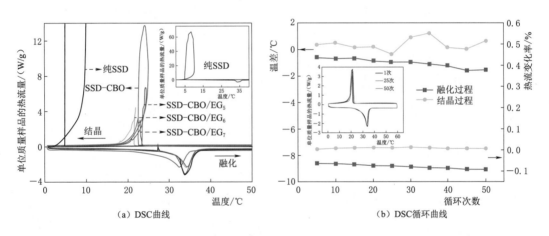

(a) DSC曲线　　　　　　　(b) DSC循环曲线

图 6-13　SSD、SSD-CBO 和 SSD-CBO/EG 复合相变储热材料的 DSC 曲线
和 SSD-CBO/EG$_7$ 的 DSC 循环曲线

由表 6-3 可知：纯 SSD 的熔融相变潜热值为 139.9J/g，冷却相变潜热值为 117.9J/g，两者相差较大。SSD-CBO 的熔融和冷却相变潜热值分别为 126.9J/g 和 124.7J/g，两者差值明显减少，表明 SSD-CBO 的储热容量稳定性有所提高。当添加膨胀石墨后，复合相变储热材料的潜热值都稍有减少。SSD-CBO/EG$_5$ 的熔融和冷却相变潜热值分别为 123.6J/g 和 121.2J/g。SSD-CBO/EG$_6$ 的熔融和冷却相变潜热值分别为 117.9J/g 和 100.0J/g。SSD-CBO/EG$_7$ 的熔融和冷却相变潜热值分别为 114.0J/g 和 105.5J/g。SSD-CBO 和 SSD-CBO/EG 复合相变储热材料均具有较高的相变潜热值和较高的单位质量能率。

表 6-3   SSD、SSD-CBO 和 SSD-CBO/EG 复合相变储热材料的热物性参数

样　品	SSD 含量 $\beta/\%$	熔融温度 $T_m/℃$	冷却温度 $T_f/℃$	熔融潜热 $\Delta H_m/(J/g)$	冷却潜热 $\Delta H_f/(J/g)$	过冷度 /℃	SSD 单位质量能效 $E_{ef}/(J/g)$
纯 SSD	100.0	32.24	4.93	139.9	117.9	27.31	139.9
SSD-CBO	90.0	28.63	22.64	126.9	124.7	5.99	141.0
SSD-CBO/EG$_5$	85.5	31.52	23.56	123.6	121.2	7.94	144.6
SSD-CBO/EG$_6$	84.6	31.50	21.79	117.9	100.0	9.76	139.4
SSD-CBO/EG$_7$	83.7	31.06	23.02	114.0	105.5	8.03	136.2

注：$\Delta H_{th} = \Delta H_{pure}\beta$；$E_{ef} = \Delta H_{pure}F_c$。

为研究 SSD-CBO/EG 复合相变储热材料在热循环中的性能稳定性，取 SSD-CBO/EG$_7$ 进行了 50 次 DSC 加热-冷却循环测试 [图 6-13（b）]，图中第 1 次、第 25 次和第 50 次的 DSC 曲线基本一致。在 50 次 DSC 循环过程中，样品的熔融相变温度呈现先下降后上升的趋势，而冷却相变温度呈现缓慢下降的趋势，两者最大变化幅度分别为 1.55℃和－0.63℃；其熔融潜热值呈现缓慢降低趋势，50 次加热—冷却后，熔融潜热值降低为原来的 90.84%，而冷却潜热值仅减少了 0.69%。综上，在进行 50 次加热—冷却循环实验后，SSD-CBO/EG$_7$ 的相变温度和潜热值仅存在小幅度的变化（减少），特别是冷却相变温度和冷却潜热值的变化很小，因此 SSD-CBO/EG$_7$ 具有非常好的热循环稳定性，可在多次循环实验后依然保持较稳定的相变特性。

6.2.2.6　导热系数

SSD、SSD-CBO 和 SSD-CBO/EG 复合相变储热材料的导热系数测试结果如图 6-14 所示。纯 SSD 的导热系数为 0.544W/(m·K)。由于硼砂、CMC 和 OP-10 都

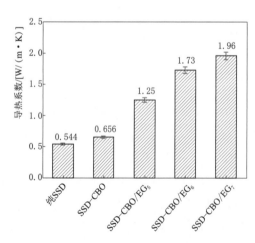

图 6-14　SSD、SSD-CBO 和 SSD-CBO/EG
复合相变储热材料的导热系数测试结果

非高导热材料，SSD-CBO 混合材料的导热系数与 SSD 接近，为 0.656W/(m·K)。添加 5wt.%和 6wt.%的膨胀石墨后，SSD-CBO/EG$_5$ 和 SSD-CBO/EG$_6$ 的导热系数分别为 1.25W/(m·K) 和 1.73W/(m·K)，较 SSD-CBO 有明显提升。SSD-CBO/EG$_7$ 的导热系数最高，为 1.96W/(m·K)。相比于纯 SSD，SSD-CBO/EG$_5$、SSD-CBO/EG$_6$ 和 SSD-CBO/EG$_7$ 的导热系数提升分别为 130%、218% 和 260%。由此表明：膨胀石墨不仅对硬脂酸这样的有机相变储热材料有导热增强作用，对于无机水

合盐 SSD 同样可有效提升其导热系数。

6.2.2.7　瞬态温度响应

利用瞬态温度响应实验平台，进行纯 SSD、SSD－CBO 和 SSD－CBO/EG$_7$ 复合材料的瞬态温度响应性能实验，结果如图 6－15 所示。由图 6－15（a）可知，实验进行到 9s 时，纯 SSD 和 SSD－CBO 具有相似的起始温度，而 SSD－CBO/EG$_7$ 温度明显更高，具有更好的瞬态温度响应性能。随着加热的进行，样品 SSD－CBO/EG$_7$ 在 50 s 时已完成了相变过程，纯 SSD 和 SSD－CBO 尚处于相变过程中。由图 6－15（b）可知，当 SSD－CBO/EG$_7$ 首次升温至 50℃时，纯 SSD 和 SSD－CBO 的温度均低于 40℃。由于加热板的温度有些许波动，因此样品在达到 50℃后的温度曲线有规律的波动现象。由图 6－15（c）可知，冷却开始后，样品 SSD－CBO/EG$_7$ 的颜色变化显著；

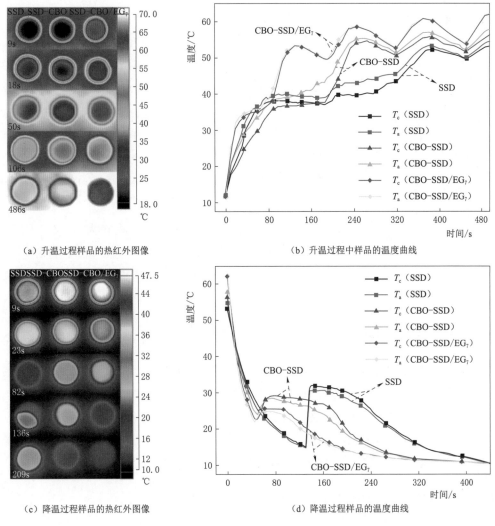

（a）升温过程样品的热红外图像　　　（b）升温过程中样品的温度曲线

（c）降温过程样品的热红外图像　　　（d）降温过程样品的温度曲线

图 6－15　SSD、SSD－CBO 和 SSD－CBO/EG$_7$ 瞬态温度响应实验结果

纯 SSD 在 136 s 时发生了过冷现象，温度突然上升；样品 SSD - CBO 温度变化较慢。图 6 - 15（d）的降温曲线表明 SSD - CBO/EG₇ 具有最好的瞬态温度响应性能，例如，当降温进行到 41 s 时，SSD、SSD - CBO 和 SSD - CBO/EG₇ 的平均温度分别为 28.2℃、26.1℃和 22.9℃；三个样品都出现了不同程度的过冷，SSD - CBO/EG₇ 的过冷度最低，约为 3℃；并且在整个实验过程中，SSD - CBO/EG₇ 的中心温度与平均温度间的差距较小，说明其热扩散性能良好。

通过对比纯 SSD、SSD - CBO 与 SSD - CBO/EG₇ 复合相变储热材料的热红外图像和温度变化曲线，发现加入硼砂、CMC 和 OP - 10 后，SSD 的过冷度明显较小，瞬态温度响应性能有小幅度提升；引入 EG 后，明显增强了 SSD 的瞬态温度响应速率和热扩散性能，并且进一步减小了过冷度，瞬态温度响应实验结果与储放热实验结果一致，进一步说明 SSD - CBO/EG₇ 复合材料具有更好的瞬态温度响应速率与热扩散性能。

6.2.2.8　储放热性能

本节采用储放热平台评价所制备储热材料的储放热行为和储放热速率。图 6 - 16

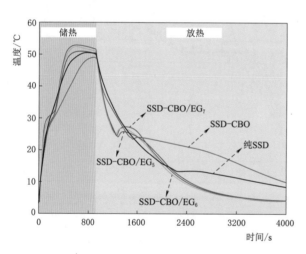

图 6 - 16　SSD、SSD - CBO 和 SSD - CBO/EG
复合相变储热材料的储放热曲线

为 SSD、SSD - CBO 和 SSD - CBO/EG 复合相变储热材料的储放热曲线。纯 SSD 在加热阶段升温较慢，耗时 663s 升至 50℃；而降温过程中 SSD 的冷却相变平台出现在大约 13℃、2300s，过冷现象严重。SSD - CBO 耗时 870s 升至 50℃，其冷却相变平台出现在大约 20℃、1600s，较纯 SSD 的过冷现象有明显改善，但储热速率无明显提升。添加膨胀石墨后，复合相变储热材料储放热性能有明显改变。SSD - CBO/EG₅、SSD - CBO/EG₆ 和 SSD - CBO/EG₇

升至 50℃的时间分别为 503s、443s 和 423s，较纯 SSD 分别缩短了 24.1%、33.2% 和 36.2%；复合相变储热材料达到冷却相变平台的时间都约为 1300s，较 SSD - CBO 更快；在进行到 4000s 时，复合相变储热材料已降温至 5℃，更接近设置温度。很明显，制备的 SSD - CBO 大幅改善了 SSD 的过冷情况，引入膨胀石墨后，复合相变储热材料的储放热速率得到显著提升，储放热性能与导热系数测试结果一致。

6.2.3　储放热行为调控机理

以上实验结果与分析表明，成核剂、增稠剂等的添加成功改善了 SSD 的过冷和相分离，而采用具有多孔特性和高导热骨架的膨胀石墨支撑混合材料 SSD - CBO，有助于增强复合相变储热材料的热传递并防止其发生剧烈放热闭环的现象。复合相变储热材料储热特性的主要过程和调控机理如图 6-17 所示。

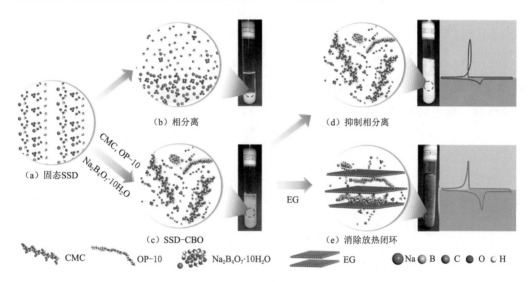

图 6-17　复合相变储热材料储热特性的主要过程和调控机理

发生相变前，十个水分子被固定于 Na_2SO_4 的晶体结构中，保持固态 SSD 有序的晶体结构 [图 6-17（a）]。加热后 SSD 发生相变，Na_2SO_4 和水分子之间的链接被破坏，结晶水转换为游离水。由于 Na_2SO_4 在 32.24℃ 的熔融温度下溶解度较低。因此，无法溶解的 Na_2SO_4 作为沉淀物沉降到容器的底部，与上层 Na_2SO_4 溶液区分开，即产生相分离 [如图 6-17（b）]。将 CMC、$Na_2B_4O_7 \cdot 10H_2O$ 和 OP-10 与 SSD 混合后，制备成混合材料 SSD - CBO [图 6-17（c）]。已有研究表明，$Na_2B_4O_7 \cdot 10H_2O$ 具有与 $Na_2SO_4 \cdot 10H_2O$ 相似的晶体结构，且相变温度高于 32.24℃[166]，因此可作为 $Na_2SO_4 \cdot 10H_2O$ 的晶核促进结晶行为，降低过冷度。实验中采用 3wt.% 的 $Na_2B_4O_7 \cdot 10H_2O$ 将 $Na_2SO_4 \cdot 10H_2O$ 的过冷度降低约 20℃。CMC 为疏水性的长链结构，分散在水中后形成透明凝胶状溶液，通过提升溶液的稠度限制 Na_2SO_4 晶粒的自由移动，达到抑制相分离的作用 [图 6-17（d）]。然而，SSD - CBO 的导热性能仅有较小提升，其 DSC 曲线的放热闭环仍然存在。

根据热量的声子传播理论[155]，强化材料的微结构减少了声子的散射，可有效增强相变储热材料的导热能力。采用 EG 支撑 SSD - CBO，后者在 EG 的网状孔隙中、界面处形成晶体。SSD - CBO 结晶放热时，膨胀石墨的碳介质骨架具有良好的导热能力，促进热量的传导与释放，改善由于潜热产生与释放不平衡引起的放热闭环现象。当膨胀石墨添加量足够高时（本章实验中质量百分数为 7wt.%），可达到消除放热闭环的效果 [图 6-17（e）]。

6.3　正二十烷/膨胀石墨复合相变储热材料的研究

6.3.1　材料的制备

　　采用真空浸渍法制备正二十烷/膨胀石墨（C20/EG）及正二十烷/多层石墨烯（C20/MLG）复合相变储热材料，步骤如下：首先称取 8.50g 正二十烷和 1.50 g 膨胀石墨（或多层石墨烯）倒入锥形瓶中，将锥形瓶密封并连接真空泵（图 6-8），抽真空至 -0.1MPa 并保持 5min；然后将锥形瓶置于 50℃ 恒温水浴锅中加热 30min；最后，停止抽真空，待样品冷却后取出并得到 C20/EG（C20/MLG）复合相变储热材料，编号为 C20/EG$_{15}$（C20/MLG$_{15}$）。以相同方法制备比例分别为 70：30 和 55：45 的正二十烷/膨胀石墨（正二十烷/多层石墨烯）复合相变储热材料，分别编号为 C20/EG$_{30}$ 和 C20/EG$_{45}$（C20/MLG$_{30}$ 和 C20/MLG$_{45}$）。

6.3.2　材料的结构表征与性能测试

6.3.2.1　热重分析

　　为分析支撑基体的负载能力，采用 TG 热分析方法研究膨胀石墨和多层石墨烯对 C20 的最大负载量。图 6-18 为 C20/EG 和 C20/MLG 的失重（TG）曲线，由图可知，复合相变储热材料从 200℃ 开始失重，表明 C20 在 200℃ 以下热稳定性良好；失重停止在 300℃ 附近。经过计算，C20/EG 和 C20/MLG 的失重比例分别为 86.47% 和 56.98%，说明 EG 对 C20 的最大负载量为 86.47wt.%，而 MLG 对 C20 的 最 大 负 载 量 为 56.98wt.%。当实际负载量小于最大负载量时，复合相变储热材料为定型相变

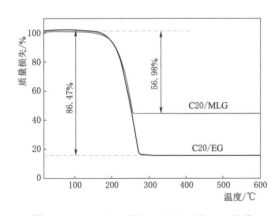

图 6-18　C20/EG 和 C20/MLG 的 TG 曲线

材料，不会出现相变后的相变材料泄漏现象。因此，综合 SEM 分析结果，本实验制备的所有 C20/EG 复合相变储热材料和 C20/MLG$_{45}$ 均为定型相变材料，而其他 C20/MLG 复合相变储热材料不能达到定型的效果。

6.3.2.2　形貌分析

　　为研究复合前后支撑基体和复合相变储热材料的微观形貌，对膨胀石墨、多层石墨烯及复合相变储热材料进行了电镜扫描。图 6-19 为 EG 和 C20/EG 复合相变储热

材料的 SEM 图像，由图可知，复合相变储热材料中膨胀石墨的孔隙被 C20 填充。由于 C20 添加量最多，C20/EG$_{15}$ 复合相变储热材料的微观表面最为平整，无明显裸露孔隙；C20/EG$_{30}$ 复合相变储热材料表面可见较小空隙；而 C20/EG$_{45}$ 复合相变储热材料的表面较为凹凸不平，出现了裸露的膨胀石墨孔隙，说明膨胀石墨对 C20 的负载量大于 55％（质量百分数）。

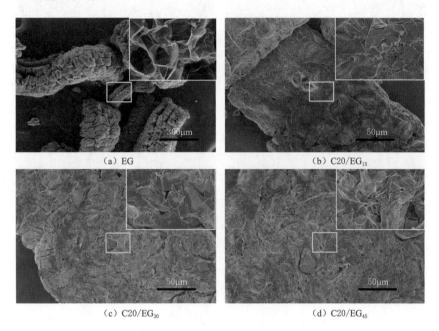

（a）EG   （b）C20/EG$_{15}$

（c）C20/EG$_{30}$ （d）C20/EG$_{45}$

图 6-19　EG 和 C20/EG 复合相变储热材料的 SEM 图像

图 6-20 为多层石墨烯和 C20/MLG 复合相变储热材料的 SEM 图像，由图可知：多层石墨烯呈片状，大小为 3～20mm 不等；当 C20 添加量为 85wt.％时，复合材料呈团状，结构较为紧密，观察到 C20 晶体遍布；当 C20 添加量为 70wt.％时，可分辨出石墨烯的片状结构，C20 的结晶附着于石墨烯片；当 C20 添加量为 55wt.％时，片状石墨烯清晰可见，存在少量的 C20 结晶。初步表明，C20 被成功地装载于多层石墨烯中。

6.3.2.3　晶体结构分析

正二十烷、正二十烷/膨胀石墨复合相变储热材料和正二十烷/多层石墨烯复合相变储热材料的 XRD 图谱如图 6-21 所示。由图可知，正二十烷的 XRD 衍射峰与标准 PDF 卡片（No.45-1543）基本一致，其中 $2\theta = 7.06°$、$10.53°$、$14.03°$、$17.52°$ 和 $23.36°$ 是正二十烷较强的五个特征峰。分别与膨胀石墨和多层石墨烯复合后，支撑基体的衍射峰（$2\theta = 26.36°$）均出现在复合物的 XRD 图谱中，说明真空浸渍过程中没有破坏支撑材料的晶体结构。有研究表明，正二十烷在支撑基体中由于相互作用会发生非均匀性成核现象，影响晶相面（002）、（003）、（004）和（005）的形成，因此正二十烷的衍射峰中 $2\theta = 7.06°$、$10.53°$ 和 $14.03°$ 的强度均有所降低[167]。同时，正二十

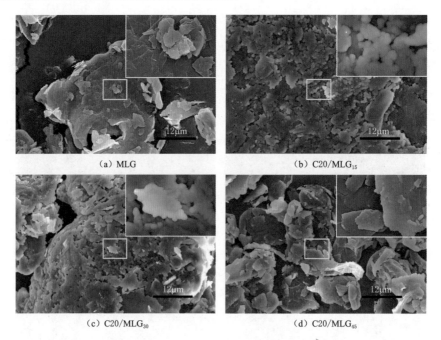

（a）MLG　　　　　　　　　　（b）C20/MLG₁₅

（c）C20/MLG₃₀　　　　　　　　（d）C20/MLG₄₅

图 6-20　多层石墨烯和 C20/MLG 复合相变储热材料的 SEM 图

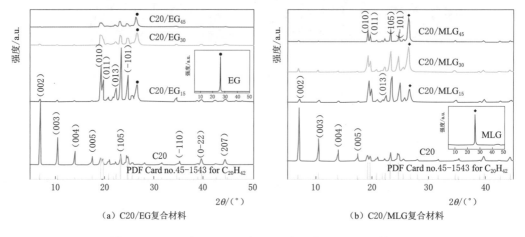

（a）C20/EG复合材料　　　　　　　（b）C20/MLG复合材料

图 6-21　正二十烷、正二十烷/膨胀石墨复合相变储热材料
和正二十烷/多层石墨烯复合相变储热材料的 XRD 图谱

烷的特征衍射峰均出现在复合物中，说明在真空浸渍过程中正二十烷与支撑基体（膨胀石墨和多层石墨烯）之间不发生化学反应，没有新物质生成，初步表面正二十烷被成功装载至膨胀石墨和多层石墨烯中。

6.3.2.4　化学键结构分析

图 6-22 为正二十烷、正二十烷/膨胀石墨复合相变储热材料和正二十烷/多层石墨烯复合相变储热材料的 FTIR 图谱。由图 6-22（a）可知，正二十烷有较为明显的

振动峰，$2954cm^{-1}$、$2917cm^{-1}$ 和 $2850cm^{-1}$ 分别为$-CH_3$ 和$-CH_2$ 的对称伸缩振动峰，$1471cm^{-1}$ 属于$-CH_3$ 和$-CH_2$ 的伸缩振动峰，$1295cm^{-1}$ 和 $933cm^{-1}$ 为$-OH$ 弯曲振动引起的吸收峰，$717cm^{-1}$ 为$-CH_2$ 的面内摇摆振动峰。由图 6-22（a）和图 6-22（b）可知，分别与膨胀石墨、多层石墨烯复合后，正二十烷的特征吸收峰均出现在复合物的 FTIR 图谱（$C20/EG_{15}$、$C20/EG_{30}$、$C20/EG_{45}$、$C20/MLG_{15}$、$C20/MLG_{30}$ 和 $C20/MLG_{45}$）中。通过对比正二十烷、膨胀石墨、多层石墨烯及复合相变储热材料的 FTIR 图谱，可知：正二十烷被吸附至支撑材料中，无其他特征吸收峰的产生，即无化学反应产生，进一步说明正二十烷与膨胀石墨、多层石墨烯之间没有化学反应，所制备的复合相变储热材料是相对稳定的。

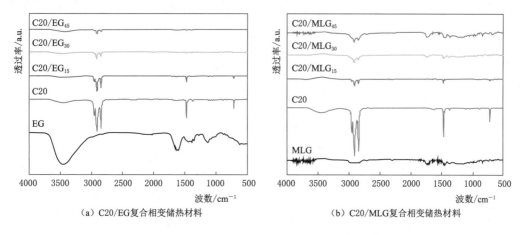

（a）C20/EG复合相变储热材料   （b）C20/MLG复合相变储热材料

图 6-22　正二十烷、正二十烷/膨胀石墨复合相变储热材料
和正二十烷/多层石墨烯复合相变储热材料的 FTIR 图谱

6.3.2.5　储热容量

图 6-23 为 C20、C20/EG 和 C20/MLG 复合相变储热材料的 DSC 曲线，相应材

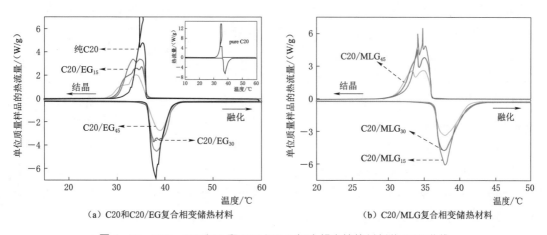

（a）C20和C20/EG复合相变储热材料   （b）C20/MLG复合相变储热材料

图 6-23　C20、C20/EG 和 C20/MLG 复合相变储热材料的 DSC 曲线

料的热物性能参数见表 6-4。由图 6-23（a）可知，正二十烷具有一个吸热峰，一个放热峰，由于中间晶型的存在，在放热峰顶端出现了一个回环[168]。当引入膨胀石墨后，其吸热曲线与正二十烷相似，放热峰的回环消失，转而形成另一个峰尖，表明膨胀石墨的添加对正二十烷的结晶过程存在一定的影响。当支撑基体为多层石墨烯时，复合相变储热材料的放热峰与正二十烷相似，吸热峰与 C20/EG 复合相变储热材料的吸热峰类似，表明多层石墨烯同样具有影响正二十烷结晶行为的作用，进一步验证了 XRD 的晶相分析结果是正确的。

表 6-4　　　　　　　　　C20 和 C20/EG 复合相变储热材料的热物参数

样品	C20 含量 $\beta/\%$	熔融温度 $T_m/℃$	冷却温度 $T_f/℃$	熔融潜热 $\Delta H_m/(J/g)$	冷却潜热 $\Delta H_f/(J/g)$	C20 结晶度 $F_c/\%$	C20 单位质量能效 $E_{ef}/(J/g)$
C20	100	36.49	36.06	252.9	252.7	100	—
C20/EG$_{15}$	85	36.41	36.22	199.4	199.2	92.74	234.55
C20/EG$_{30}$	70	36.31	36.29	163.5	162.5	92.37	233.61
C20/EG$_{45}$	55	36.27	36.26	126.3	125.1	90.80	229.63
C20/MLG$_{15}$	85	36.51	36.07	212.5	211.7	98.85	250.00
C20/MLG$_{30}$	70	36.44	36.08	174.0	171.5	98.29	248.57
C20/MLG$_{45}$	55	36.24	36.12	136.6	134.2	98.21	248.36

注：$\Delta H_{th}=\Delta H_{pure}\beta$；$F_c=\dfrac{\Delta H_{composite}}{\Delta H_{pure}\beta}\times100\%$。

纯 C20 的熔融相变温度和冷却相变温度分别为 36.49℃ 和 36.06℃，由表 6-4 可知，与支撑基体复合后，正二十烷的相变温度变化幅度较小（≤0.25℃）；纯正 C20 的熔融潜热值和冷却潜热值分别为 252.9J/g 和 252.7J/g，C20/EG$_{15}$、C20/EG$_{30}$ 和 C20/EG$_{45}$ 的熔融和冷却潜热值分别为 199.4J/g 和 199.2J/g，163.5J/g 和 162.5J/g，126.3J/g 和 125.1J/g；C20/MLG$_{15}$、C20/MLG$_{30}$ 和 C20/MLG$_{45}$ 的熔融和冷却潜热值分别为 212.5J/g 和 211.7J/g，174.0J/g 和 171.5J/g，136.6J/g 和 134.2J/g。当支撑基体添加量质量百分数分别为 15%、30% 和 45% 时，复合相变储热材料的熔融和冷却的理论潜热值 ΔH_{th} 分别为 215.0J/g 和 214.8J/g，177.0J/g 和 176.9J/g，139.1J/g 和 139.0J/g，C20/EG 复合相变储热材料的潜热实际值明显低于理论值，而 C20/MLG 复合相变储热材料的潜热实际值更接近理论值，因此复合相变储热材料的潜热值低于纯 C20 不能单一归咎于 C20 含量的减少，需同时考虑 C20 在复合相变储热材料中结晶度对潜热值的影响，因为正二十烷和支撑基体之间的相互作用会阻碍正二十烷的结晶，从而降低复合相变储热材料的潜热值。由表 6-4 可知，C20 在 C20/EG 复合相变储热材料中的结晶度为 90.80%～92.74%，而 C20 在 C20/MLG 复合相变储热材料中的结晶度为 98.85%～98.21%，因此 C20/MLG 复合相变储热材料的潜热值要略高于对应 C20/EG 复合相变储热材料的潜热值。

6.3.2.6 循环性能

为研究 C20/EG 和 C20/MLG 复合相变储热材料在热循环中的性能稳定性，取 C20/EG$_{15}$ 和 C20/MLG$_{45}$ 进行了 50 次 DSC 加热—冷却循环测试，结果如图 6-24 所示，由图可知复合相变储热材料第 1 次、第 25 次和第 50 次的 DSC 曲线基本一致。C20/EG$_{15}$ 在 50 次 DSC 循环过程中，其熔融和冷却相变温度呈现上升的趋势，两者最大变化幅度分别为 0.14℃ 和 0.06℃；其熔融和冷却潜热值呈现波动变化，循环结束后熔融和冷却潜热值分别增大了 0.28% 和 0.14%。C20/MLG$_{45}$ 与 C20/EG$_{15}$ 具有相似的热循环性能，其熔融和冷却相变温缓慢增大，增幅分别为 0.09℃ 和 0.03℃；熔融潜热值经过 50 次加热—冷却循环后，减小 0.07%，而冷却潜热值增大了 0.07%。综上，在 50 次加热—冷却循环实验中，C20/EG$_{15}$ 和 C20/MLG$_{45}$ 表现出优异的热稳定性能，循环后依然保持较稳定的相变特性；而相比于 C20/EG$_{15}$，具有较高结晶度的 C20/MLG$_{45}$ 在循环中相变温度变动幅度更小，最终潜热值与循环前更为接近。

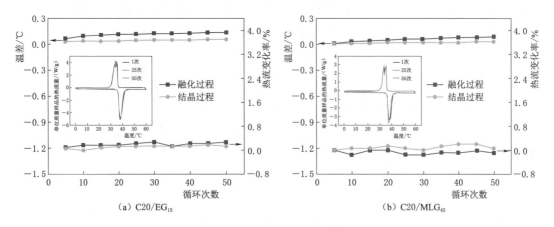

图 6-24 样品的 DSC 热循环曲线

第 7 章

硅藻土基相变储热材料

硅藻土是具有多孔结构的天然矿物，已被应用于复合相变储热材料。但一些结构特性有待进一步挖掘和利用，应用于构筑新型硅藻土基复合相变储热材料，实现储热性能的调控和强化。本章从孔结构、表面结构等方面强化硅藻土储热特征，再负载相变功能体，构筑硅藻土基复合相变储热材料，并实现光热转化与存储的应用。

硅藻土来自地质沉积物，孔隙结构会被杂质堵塞，降低硅藻土的孔隙率。因此，在应用前，需要对硅藻土进行酸处理、高速剪切和超声处理等方法提纯加工，扩大其孔隙空间以实现更大的装载量[171]。同时，考虑到多孔矿物的低热导率，添加活性炭[172]、碳纳米管[173-176]、石墨片[177] 和膨胀石墨（EG）[64,119] 增强硅藻土的导热性能。本章采用微波辅助酸浸的方法对硅藻土进行提纯以制备储热性能增强的定型相变储热材料，并通过添加膨胀石墨的方式，增强导热性能的同时提升储热容量。

由于相变储热材料普遍存在光吸收能力差的缺陷[178]，不利于相变储热材料广泛应用于储热系统中，因此对提高相变储热材料的光-热转换性能进行了大量研究，如Mishra 等[179] 报道具有炭黑纳米颗粒的月桂酸基相变储热材料的光热转化能力得到了显著改善。由于全波段的光吸收和光-热转换特性，选择氧化石墨烯作为增强光-热转换性能材料，并用于构筑聚乙二醇/氧化石墨烯复合相变储热材料[180]。然而，关于增强硅藻土基复合相变储热材料的光—热性能的报道很少。原矿硅藻土为淡黄色粉末，硅藻土的纯度越高，颜色越白，光吸收性能较差。因此，研究硅藻土基复合相变储热材料的光热转化能力具有重要意义。本章通过水热反应法获得具有二氧化锰（MnO_2）修饰的硅藻土，并用作负载相变储热材料月桂酸-硬脂酸（LA-SA）的支撑基体，并通过真空浸渍法制备了一系列新型的硅藻土基复合相变储热材料。揭示了二氧化锰表面修饰硅藻土强化光热转化的机理。

添加碳基材料是提高相变储热材料的储热性能的有效措施，因其具备优异的导热性能和突出的化学稳定性，常被用作复合相变储热材料的支撑基体或导热填料。碳基材料如石墨粉[181]、碳纳米管[182]、石墨纳米片[183] 和碳纳米颗粒[184] 已被广泛研究。

Qian 等[184] 通过原位碳化法制备了具有导热性增强的硅藻土/碳（D$_C$）基体。通过真空浸渍法将相变储热材料十八烷（OC）吸附到硅藻土/碳（D$_C$）基体中，制备 OC/DC 复合相变储热材料。本章采用模板法对硅藻土进行碳化，以碳酸钙（CaCO$_3$）为模板、蔗糖为碳源，在高温环境下，获得硅藻土表面碳化的支撑基体。阐明了碳表面修饰硅藻土强化储热性能的协同效应。

7.1　硅藻土孔结构改性增强储热的研究

7.1.1　实验内容

LA-SA/Dm 复合相变储热材料的制备过程如图 7-1 所示。具体实验步骤如下：

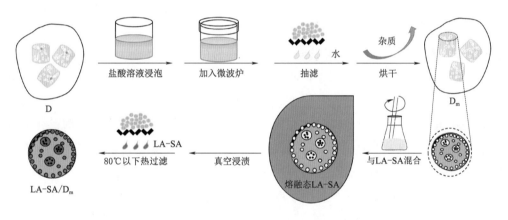

图 7-1　LA-SA/Dm 复合相变储热材料的制备示意图

（1）微波辅助酸浸改性硅藻土。将 60g 硅藻土（D）与 180mL 盐酸溶液（浓度为 8%）混合于 500mL 烧杯中；在 700W 微波条件下反应 5min，反应后的溶液用蒸馏水反复洗涤 6～7 次后，取少量洗涤水未检验出氯离子；在 105℃ 环境中干燥 15h，获得微波酸浸改性硅藻土，标记为 D$_m$。表 7-1 列出了 D 和 D$_m$ 的主要化学成分。MgO、CaO、P$_2$O$_3$ 等杂质含量降低，只有 SiO$_2$ 含量增加，表明微波-酸处理有效去除了硅藻土中的部分杂质。

表 7-1　　　　　　　　　改性前后硅藻土的化学成分质量百分数　　　　　　　　　%

样品	SiO$_2$	Al$_2$O$_3$	Fe$_2$O$_3$	K$_2$O	Na$_2$O	MgO	CaO	P$_2$O$_3$
D	71.28	16.40	4.60	3.30	2.00	0.85	0.64	0.14
D$_m$	72.71	16.31	4.11	3.23	1.94	0.59	0.20	0.07

（2）定型复合相变储热材料的制备。首先确定月桂酸（LA）与硬脂酸（SA）的

混合比例以制备低共熔物（LA-SA），将 LA 与 SA 以 7：3 的质量比混合，在 90℃恒温水浴中加热并通过磁力搅拌 30min，获得相变材料 LA-SA；将相变储热材料和支撑基体以 4：1 的质量比添加到锥形瓶中，通过防回流装置将锥形瓶连接到真空泵；将锥形瓶的气压抽至真空（-0.1MPa）后，移至 80℃ 的恒温水浴中，加热 30min。然后关闭真空泵，平衡锥形瓶内压力至常压，将混合物置于超声波水浴装置中（80℃），处理 8min 后，取出样品，在 80℃ 热过滤 4h，以除去多余的相变储热材料，获得月桂酸-硬脂酸/硅藻土基复合相变储热材料。用 D 和 D_m 作为支撑基体制备的复合相变储热材料分别命名为 LA-SA/D 和 LA-SA/D_m。为了提高复合相变储热材料的导热性能，将 EG 和 D_m 以 1：10 的质量比均匀混合作为支撑基体，按照上述实验步骤获得添加了膨胀石墨的硅藻土基复合相变储热材料，记为 LA-SA/D_m/EG。根据 TG 结果分析，LA-SA/D_m/EG 中 EG 的含量为 2.5%（质量百分数）。

7.1.2　结果与讨论

7.1.2.1　孔结构改性硅藻土基体与相变储热材料的化学兼容性

图 7-2 是 LA-SA、支撑基体和相对应的复合相变储热材料的 XRD 图谱。在图 7-2（a）中，硅藻土的图谱在 $2\theta=20°\sim30°$ 范围内有一个宽峰，这是由 SiO_2 的典型非晶衍射引起的[183]。在 $2\theta=20.8°$ 和 $26.6°$ 位置出现石英的两个特征衍射峰。对比 D 的 XRD 图谱，可以清楚地看到 D_m 和 D_m/EG 的 XRD 图谱没有明显变化，表明硅藻土的晶体结构不受微波酸处理和 EG 添加的影响。负载相变储热材料后［图 7-2（b）］，发现复合相变储热材料中存在 LA-SA 的特征衍射峰（$2\theta=21.71°$ 和 $23.90°$），且其峰强度随 LA-SA 含量的增加而升高。在复合相变储热材料的 XRD 图谱中还存在 LA-SA 的特征衍射峰，没有出现除相变储热材料和支撑基体以外的特征衍射峰，表明复合相变储热材料的制备过程中，相变储热材料和支撑基体没有发生化学反应。

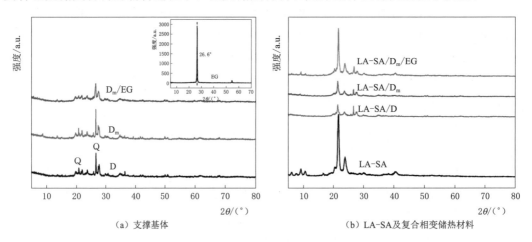

(a) 支撑基体　　　　　　　　　　　(b) LA-SA及复合相变储热材料

图 7-2　LA-SA、支撑基体和相对应的复合相变储热材料的 XRD 图谱

图7-3展示了支撑基体、LA-SA和硅藻土基复合相变储热材料的FTIR光谱图，具体如下：

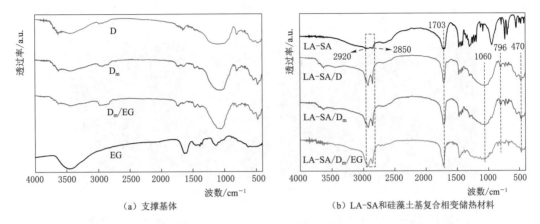

（a）支撑基体　　　　　　（b）LA-SA和硅藻土基复合相变储热材料

图7-3　支撑基体、LA-SA和硅藻土基复合相变储热材料的FTIR光谱

（1）由D的FTIR光谱图可知：$470cm^{-1}$为O—Si—O的弯曲振动引起的吸收峰；$796cm^{-1}$为SiO—H的振动峰；$1060cm^{-1}$为—Si—O—Si的伸缩振动峰。

（2）与D的光谱图相比，D_m的FTIR光谱图几乎没有改变，其特征峰信号比D的强，这是源于微波酸处理减少或消除了硅藻土中的氧化物杂质，使官能团信号更加强烈。

（3）在EG的FTIR光谱中，$1632cm^{-1}$归因于C＝C官能团的伸缩振动引起的吸收峰。

（4）在相变储热材料LA-SA的FTIR光谱中：$2920cm^{-1}$和$2850cm^{-1}$分别为—CH$_2$和—CH$_3$伸缩振动峰，$1470cm^{-1}$为—CH的弯曲振动峰，$1701cm^{-1}$为C＝O的伸缩振动峰。

此外，从图7-3（b）可以清楚地看到，支撑基体和相变储热材料的特征吸收峰都存在于硅藻土基复合相变储热材料的光谱图中，且没有发现明显的新峰，所制备的硅藻土基复合相变储热材料具有良好的化学稳定性。

7.1.2.2　孔结构改性硅藻土基体及其复合相变储热材料的形貌特征

图7-4为支撑基体D、D_m、D_m/EG和相应的复合相变储热材料LA-SA/D、LA-SA/D_m、LA-SA/D_m/EG的SEM图。从图中可以清楚地看到硅藻土整体呈圆柱形结构，表面存在大量的孔隙，并且与未经处理的硅藻土D［图7-4（a）］相比，微波-酸处理后的硅藻土D_m［图7-4（b）］表面呈现出更加丰富的孔结构，表明原本阻塞孔隙通道的杂质被清理。在真空浸渍后，复合相变储热材料的表面全部被LA-SA占据，整体边缘变得光滑，说明相变储热材料LA-SA在D和D_m的孔隙中得到了很好的固定［图7-4（c）］。此外，复合相变储热材料LA-SA/D和LA-SA/D_m的形貌

特征仍保持圆柱形状，表明通过热过滤有效地去除了复合相变储热材料表面多余的相变储热材料 [图 7 - 4 (d)]，此时，相变储热材料在复合相变储热材料中的含量为最大负载量。图 7 - 4 (e) 中 D_m 与 EG 均匀混合后，部分 D_m 颗粒散布在 EG 内部 [图 7 - 4 (e)]。

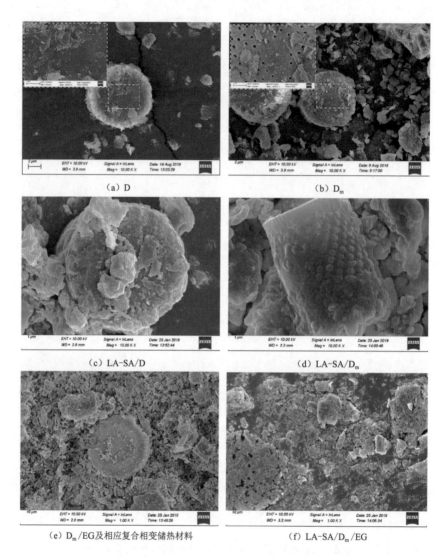

(a) D

(b) D_m

(c) LA-SA/D

(d) LA-SA/D_m

(e) D_m/EG及相应复合相变储热材料

(f) LA-SA/D_m/EG

图 7 - 4 支撑基体 D、D_m、D_m/EG 和相应的复合相变储热材料

LA - SA/D、LA - SA/D_m、LA - SA/D_m/EG 的 SEM 图

7.1.2.3 孔结构改性硅藻土基复合相变储热材料的热稳定性

将相变储热材料和硅藻土基复合相变储热材料在氮气保护下加热到 800℃，分析其热稳定性和相变储热材料的装载量，获得的 TG 图和高温 DSC 图如图 7 - 5 所示。在 25～150℃温度区间内，没有观察到明显的分解反应或质量损失，表明硅藻土基复合相变储热材料应用于建筑节能系统中具有良好的热稳定性。以质量损失超过 5% 时

的温度 $T_{5\%}$ 来评价硅藻土基复合相变储热材料的热稳定性［图 7-5（a）］，可以看出，LA-SA 的热降解温度 $T_{5\%}$ 为 150.7℃，LA-SA/D、LA-SA/D_m 和 LA-SA/D_m/EG 的热降解温度（$T_{5\%}$）分别为 169.3℃、173.6℃ 和 178.0℃，表明硅藻土基复合相变储热材料热稳定性强于 LA-SA。从高温 DSC 曲线［图 7-5（b）］可知 LA-SA 曲线在 217℃ 左右有一个吸热峰，这可能是源于 LA-SA 的热分解。LA-SA/D、LA-SA/D_m 和 LA-SA/D_m/EG 的吸热峰分别在 220℃、224℃ 和 230℃。这也表明，硅藻土基复合相变储热材料热稳定性强于 LA-SA。在复合相变储热材料中 LA-SA 的负载量 β 和支撑基体对 LA-SA 的负载能力 LC 的计算为

$$\beta = \frac{m_{\text{LA-SA}}}{m_{\text{LA-SA}} + m_{\text{support}}} \times 100\% \qquad (7-1)$$

$$LC = \frac{m_{\text{LA-SA}}}{m_{\text{support}}} \times 100\% = \frac{m_{\text{LA-SA}}}{1 - m_{\text{LA-SA}}} \times 100\% \qquad (7-2)$$

式中 $m_{\text{LA-SA}}$、m_{Support}——LA-SA 和硅藻土基支撑基体的质量。

经过计算得，LA-SA/D、LA-SA/D_m 和 LA-SA/D_m/EG 中 LA-SA 的负载量分别为 41.3%、51.7% 和 72.2%。硅藻土支撑基体对 LA-SA 的装载能力 LC 分别为 70.36%、107.04% 和 259.71%。结果表明，硅藻土的装载能力通过微波酸处理得到了提高，并且在添加了 EG 后，其装载能力得到了进一步提高。

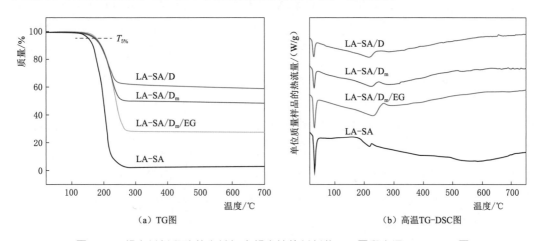

图 7-5　相变材料和硅藻土基复合相变储热材料的 TG 图和高温 TG-DSC 图

7.1.2.4　孔结构改性硅藻土基复合相变储热材料的储热容量

采用差示扫描量热仪（DSC）研究了纯 LA-SA、LA-SA/D、LA-SA/D_m 和 LA-SA/D_m/EG 的储热容量，获得的 DSC 结果如图 7-6 所示。图中可知，LA-SA 在加热和冷却相变过程中只有一个吸热峰和一个放热峰，表明 LA 和 SA 很好地结合在一起，形成了状态稳定的低共熔物。LA-SA、LA-SA/D、LA-SA/D_m 和 LA-SA/D_m/EG 的熔融相变温度分别为 31.50℃、31.16℃、31.16℃ 和 31.17℃。实验表明，由于制

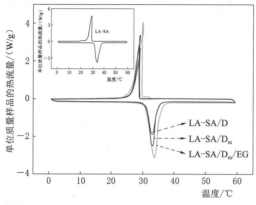

图 7-6 LA-SA 和 LA-SA/D、LA-SA/D$_m$ 和 LA-SA/D$_m$/EG 的 DSC 曲线

备的定型复合相变储热材料的相变温度在 10～40℃，满足应用于室内热舒适系统的温度要求，适合应用于节能建筑中。

测得 LA-SA 的熔融潜热 $\Delta H_m = 167.0$J/g 和冷却潜热 $\Delta H_f = 166.9$J/g；LA-SA/D 的熔融潜热和冷却潜热分别为 59.60J/g 和 55.68J/g；LA-SA/D$_m$ 的熔融潜热和冷却潜热分别为 76.16J/g 和 72.04J/g；LA-SA/D$_m$/EG 的熔融潜热和冻结潜热分别为 117.30J/g 和 114.50J/g。结果表明，微波-酸处理提高了硅藻土的储热能力，在添加 EG 后，进一步提高了硅藻土的储热能力。储热能力的提升可归因于硅藻土负载能力的提高。此外，测得的硅藻土基复合相变储热材料的潜热值低于相应的理论潜热值（LA-SA/D，$\Delta H_{th} = 68.97$J/g；LA-SA/D$_m$，$\Delta H_{th} = 86.34$J/g；LA-SA/D$_m$/EG，$\Delta H_{th} = 120.57$J/g）。这是因为复合相变储热材料的潜热值受到相变储热材料与支撑基体之间相互作用的影响，物理相互作用力将相变储热材料限制在硅藻土的孔隙结构中，使其发生固-液相变时也不会出现泄漏，然而相变储热材料被限制在微小的空间中，存在部分无法正常结晶再次发生相变，该部分相变储热材料便成为了无效相变储热材料[171]。常用结晶度［式（5-2）］表征复合相变材料中相变储热材料的结晶行为。

计算结果见表 7-2。LA-SA/D$_m$ 中 LA-SA 的结晶度为 88.21%，比 LA-SA/D 中 LA-SA 的结晶度（86.41%）高 2.1%。LA-SA/D$_m$/EG 中 LA-SA 的结晶度最高，为 97.28%。用 LA-SA 单位质量存储的有效能量 E_{ef} 评估 LA-SA 在不同复合相变储热材料中的有效性。LA-SA/D、LA-SA/D$_m$ 和 LA-SA/D$_m$/EG 中 LA-SA 单位质量能效 E_{ef} 分别为 144.30J/g、147.31J/g 和 162.46J/g。LA-SA/D$_m$/EG 中 LA-SA 单位质量能效最高。

表 7-2　　　　　LA-SA 和硅藻土基复合相变储热材料的热性能

样　品	熔融温度 T_m/℃	熔融潜热 ΔH_m/(J/g)	冷却温度 T_f/℃	冷却潜热 ΔH_f/(J/g)	负载量 β/%	理论潜热值 ΔH_{th}/(J/g)	结晶度 F_c/%	LA-SA 单位质量能效 E_{ef}/(J/g)
LA-SA	31.50	167.00	28.93	166.90	100	—	100	—
LA-SA/D	31.16	59.60	29.27	55.68	41.3	68.97	86.41	144.30
LA-SA/D$_m$	31.16	76.16	29.16	72.04	51.7	86.34	88.21	147.31
LA-SA/D$_m$/EG	31.17	117.30	30.02	114.50	72.2	120.57	97.28	162.46

在 LA-SA/D 和 LA-SA/D$_m$ 复合相变储热材料中，LA-SA 与硅藻土（D、

D_m）之间存在表面张力和毛细管力的物理相互作用。与 LA-SA/D_m 中 LA-SA 的结晶度相比，LA-SA/D 中 LA-SA 的结晶度较低。为了进一步研究此问题，采用氮气吸附-脱附等温线探究 D 和 D_m 的孔结构特征，其孔结构特征参数见表7-3。表明微波-酸处理提高了硅藻土的比表面积和孔隙容量。

表7-3 D 和 D_m 的多孔特性

样品	比表面积/(m²/g)	总孔容/(m³/g)
D	61.1122	0.100872
D_m	68.9325	0.101852

图7-7为 D 和 D_m 的孔径分布图。图7-7（a）中，D 和 D_m 的增加孔容量具有相似的孔径分布曲线。当孔直径大于150nm时，增加孔容量接近于零；当孔直径在5～50nm 和 60～120nm 范围内，孔容量增加。在孔直径小于7nm 范围内，微波一酸处理后的硅藻土增加的孔体积大于原矿硅藻土增加的孔体积。图7-7（b）中，D_m 的累积孔体积明显大于 D 的累积孔体积，经分析可知，D_m 的累积孔容大部分（90%）分布在孔径小于 60 nm 的区域，而 D 的累积孔容大部分（90%）分布在小于 70 nm 的区域。因此，在 D_m 中，LA-SA 大多被吸附在5～60nm孔径范围内；而在 D 中，LA-

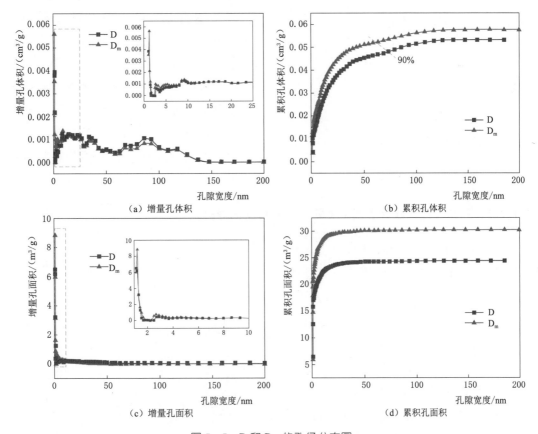

图7-7 D 和 D_m 的孔径分布图

SA 大多被吸附在 5~70nm 孔径范围内，这表明 LA-SA 在 D_m 中比在 D 更稳定，这一结论与 TG 分析结果一致。图 7-7（c）和图 7-7（d）中，进一步研究了 D 和 D_m 的增量孔隙面积和累积孔隙面积。增量孔隙面积曲线中存在一个与中孔相对应的峰，直径范围为 2.5~4nm，且 D_m 的增孔面积略大于 D [图 7-7（c）]。与 D 相比，D_m 的累积孔隙面积显著增加 [图 7-7（d）]。这是由于微波—酸处理硅藻土后，硅藻土中的杂质被除去，更多的孔隙结构被打开所致，为吸附相变储热材料提供了有利条件。因此，LA-SA 在 LA-SA/D_m 中的结晶度比在 LA-SA/D 中的结晶更高，可将其归因于微波—酸处理硅藻土后改变的孔隙结构。

在 LA-SA/D_m/EG 中，相变材料 LA-SA 与支撑基体（D_m、EG）间存在相互作用力。而 LA-SA 在 LA-SA/D_m/EG 中的结晶度高于在 LA-SA/D_m 中，表明 LA-SA 在 EG 中的结晶状况比在 D_m 中的好。

综上所述，LA-SA/D_m/EG 具有合适的相变温度和较高的储热容量，是适合应用于储热系统的候选材料。同时，为考察 LA-SA/D_m/EG 复合相变储热材料的可靠性，进行了 50 次热循环试验。图 7-8 所示为 LA-SA/D_m/EG 的热循环 DSC 曲线，说明在 50 次储热和放热过程中，LA-SA/D_m/EG 的潜热值和相变温度没有明显变化，其熔融温度和冷却温度分别增加了 0.24℃ 和 0.26℃，储热容量分别下降了 1.40% 和 1.78%。结果表明，所制备的复合相变储热材料具有

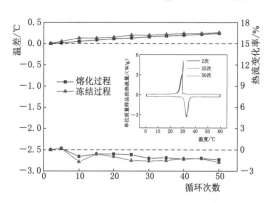

图 7-8　LA-SA/D_m/EG 的热循环 DSC 曲线

较好的长期热循环稳定性。

7.1.2.5　孔结构改性硅藻土基复合相变储热材料的导热性能

图 7-9 为纯 LA-SA 和硅藻土基复合相变储热材料的导热系数值。经过测试，LA-SA、LA-SA/D、LA-SA/D_m 和 LA-SA/D_m/EG 的热导系数分别为 0.273W/(m·K)、0.172W/(m·K)、0.163W/(m·K) 和 0.512W/(m·K)。与 LA-SA/D_m 相比，LA-SA/D_m/EG 的导热系数得到了显著提高，提高幅度高达 214%，在其中添加的 EG 是导热

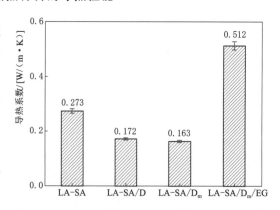

图 7-9　LA-SA 及复合相变储热材料的导热系数

系数显著增强的主要原因[187]。在 LA-SA/D_m/EG 中 D_m/EG 的质量分数为 27.8%，则 EG 在 LA-SA/D_m/EG 中的质量分数为 2.5%，表明仅添加 2.5 wt% EG 就能显著提高 LA-SA/D_m/EG 的导热性能。因此，LA-SA/D_m/EG 具有良好的储热和释热能力。

此外，将制备的 LA-SA/D_m/EG 复合相变储热材料的热性能和导热系数与类似的硅藻土基复合相变储热材料进行了比较，见表 7-4[64,119,174,186,188-190]。制备的 LA-SA/D_m/EG 复合材料具有显著的优势，如较大的潜热容量、合适的熔融温度和较高的导热系数，表明 LA-SA/D_m/EG 复合相变储热材料在储热领域具有良好的应用前景。

表 7-4　LA-SA/D_m/EG 复合相变储热材料与相关储热材料的热性能比较

复合相变储热材料	熔融温度/℃	熔融潜热/(J/g)	冷却温度/℃	冷却潜热/(J/g)	导热系数/[W/(m·K)]	参考文献
Paraffin/calcined diatomite	33.04	89.54	52.43	89.80	—	[184]
Myristate/diatomite/5 wt% EG	45.86	96.21	44.63	92.46	0.22	[186]
Laurate/diatomite/5 wt% EG	39.03	63.08	37.85	61.14	0.24	
Paraffin/diatomite/MWCNTs	27.12	89.40	26.50	89.91	1.6~1.7	[172]
PA-CA/diatomite/5 wt% EG	26.7	98.3	21.85	90.03	0.292	[64]
PEG/diatomite/3 wt% EG	27.83	83.54	30.76	80.21	0.41	[187]
CA-LA/diatomite/10 wt% EG	23.61	75.84	—	—	0.467	[119]
PEG/diatomite/2.50 wt% CNTs	7.31	59.25	8.33	65.45	0.29	[188]
LA-SA/D_m/2.5 wt% EG	31.17	117.30	30.02	114.50	0.51	本工作

7.1.2.6　孔结构改性硅藻土基复合相变储热材料的瞬态温度响应

为了更直观地得到 LA-SA 和 LA-SA/D_m/EG 在加热和放热过程中的温度变化行为，利用热红外成像仪记录下样品温度变化，绘制样品温度变化曲线，如图 7-10 所示。图中，LA-SA/D_m/EG 的储热和释热速率明显快于 LA-SA。在加热过

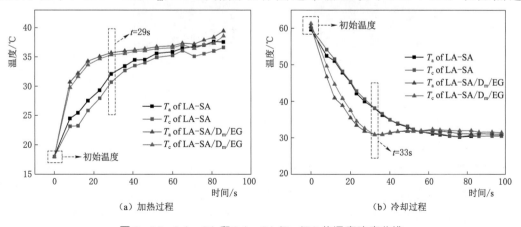

（a）加热过程　　　　　　　　　　（b）冷却过程

图 7-10　LA-SA 和 LA-SA/D_m/EG 的温度响应曲线

程（图 7-10a）中，由于固-液相变过程的发生，LA-SA/D_m/EG 的中心温度 T_c 和平均温度 T_a 在 $t=29s$ 处表现出较低的升温速度，而在升温过程中，LA-SA 所需的时间明显比 LA-SA/D_m/EG 所需的时间更长。在降温过程中，LA-SA/D_m/EG 的 T_c 和 T_a 迅速下降，在 33s 后温度下降至稳定状态［图 7-10 (b)］，而 LA-SA 仍停留在降温过程中，温度高于 LA-SA/D_m/EG。结果表明，当两种样品同时放置在加热/放热平台上时，LA-SA/D_m/EG 比 LA-SA 具有更好的瞬时温度响应性能。

对 LA-SA/D_m 和 LA-SA/D_m/EG 的瞬时温度响应特性进行研究。在红外热像图中由黑色到紫色的颜色变化，可以清楚地看到样品温度的升高［图 7-11 (a)］。LA-SA/D_m/EG 从初始温度（18℃）升至 36℃用了 48s，同时观察到 LA-SA/D_m 的表面温度低于 LA-SA/D_m/EG，并且在短时间内（48～56s）温度仍有明显变化。在降温过程中也出现了同样的情况［图 7-11 (b)］，表明 LA-SA/D_m/EG 的瞬态温度响应速率大于 LA-SA/D_m 的瞬态温度响应速率。与 LA-SA 和 LA-SA/D_m 相比，LA-SA/D_m/EG 的瞬态温度响应性能更好，这一点也可证明 LA-SA/D_m/EG 的导热性能最好。

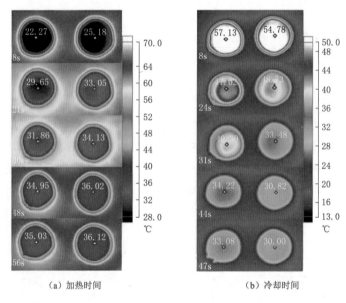

（a）加热时间　　　　　　　　　（b）冷却时间

图 7-11　LA-SA/D_m 和 LA-SA/D_m/EG 的热红外图像

7.1.3　小结

选用相变温度合适的低熔点共熔物（月桂酸-硬脂酸，LA-SA）作为相变储热材料，以提高硅藻土基复合相变储热材料的装载能力和导热性能为目的，对硅藻土基进行化学改性提纯与物理添加，制备了储热性能增强的硅藻土基复合相变储热材料。

（1）采用微波酸处理硅藻土的方法对硅藻土进行化学提纯，从 SEM 和 BET 可以看出，微波—酸处理后的硅藻土的表面和孔结构发生了改变，导致 LA－SA 在复合相变储热材料中的结晶度升高。相比于未处理的硅藻土，微波—酸处理后的硅藻土（D_m）具有更高的负载能力，D 和 D_m 对 LA－SA 的最大负载量分别为 41.3% 和 51.7%。

（2）通过添加一定质量分数的膨胀石墨（EG）来探究 EG 对硅藻土基复合相变储热材料的储热性能影响。LA－SA/D、LA－SA/D_m 和 LA－SA/D_m/EG 复合相变储热材料的熔融温度分别为 31.16℃、31.16℃ 和 31.17℃，熔融潜热分别为 59.60J/g、76.16J/g 和 117.30J/g。与 LA－SA/D、LA－SA/D_m 相比，制备的 LA－SA/D_m/EG 的储热容量最大。

（3）掺入质量分数为 2.5wt% 的 EG 后，硅藻土基复合相变储热材料的导热性能得到了显著提高，导热系数值提高了 214%。通过热红外图分析，EG 的加入显著改善了硅藻土基复合相变储热材料的瞬态温度响应性能。LA－SA/D_m/EG 具有较高的潜热容量、合适的熔融温度和较高的导热系数等优异的热性能，在室内热舒适系统特别是节能建筑围护结构中具有应用前景。

7.2　二氧化锰修饰硅藻土强化光热转化性能的研究

7.2.1　实验内容

二氧化锰修饰硅藻土基复合相变储热材料的制备过程如下：

（1）采用酸浸提纯方法对原矿硅藻土进行预处理：首先将 60g 的原矿硅藻土倒入浓度为 8% 的盐酸溶液（180mL）中，在 90℃ 的恒温磁力搅拌器中搅拌 30min；然后，将处理后的硅藻土用去离子水反复洗涤；最后在 105℃ 下干燥，得到提纯后的硅藻土（D_P），用于后续的实验。

（2）采用水热法制备二氧化锰修饰硅藻土基体的实验步骤，如图 7－12 所示[191]。具体如下：将 1.19g D_P 倒入提前制备好的高锰酸钾溶液（150mL，0.05mol/L）中，将装有混合物的烧杯放入超声波清洗仪中振动，生成均匀的混合物；8min 后，将混合物加入 200mL 的聚四氟乙烯内衬高压釜中进行水热反应；整个热反应在 160℃ 下持续 24h；等温度降至室温后，取出反应物，用乙醇和去离子水反复洗涤 5～6 次以除去反应物；在 60℃ 下干燥 12 h，获得 MnO_2－D_P1，标记为 D_P－M1。另外，将过程中用到的 $KMnO_4$ 溶液浓度分别改为 0.1 M 和 0.2 M，按照 D_P－M1 相同的制备条件，得到相应的支撑基体，分别命名为 D_P－M2 和 D_P－M3。

（3）采用真空浸渍的方法制备定型复合相变储热材料：首先将一定量的 LA－SA 和制备的支撑基体（D_P、D_P－M1、D_P－M2 和 D_P－M3）以质量比为 4∶1 的比例放入锥形瓶中，通过防倒吸装置，将锥形瓶与真空泵连在一起。然后，将锥形瓶内抽至

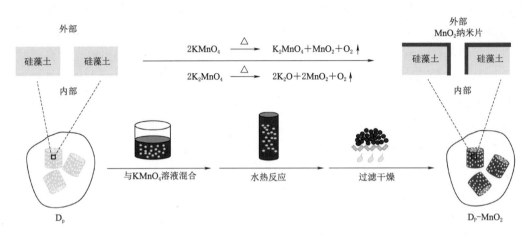

图 7-12　水热法制备二氧化锰修饰硅藻土基体的实验步骤

真空（-0.1MPa），保持 5min，并在 80℃的恒温水浴中加热；30min 后，将锥形瓶转移到超声波仪中振动；最后，将样品在 80℃热过滤 4 h，除去多余的 LA-SA，获得最终的复合相变储热材料。将以 D_P、D_P-M1、D_P-M2 和 D_P-M3 为支撑基体制备的复合相变储热材料分别命名为 LA-SA/D_P、LA-SA/D_P-M1、LA-SA/D_P-M2 和 LA-SA/D_P-M3。

7.2.2　结果与讨论

7.2.2.1　二氧化锰修饰硅藻土基体与相变储热材料的化学兼容性

支撑基体和复合相变储热材料的 XRD 图谱如图 7-13 所示，用于分析复合相变储热材料的组成和化学相容性。从 MnO_2 的 XRD 图谱中可以观察到，在 $2\theta = 12.3°$ 和 $2\theta = 24.6°$ 处，其衍射峰与水钠锰矿结构的 XRD 图谱（PDF 标准卡片：43-1456）基本一致。硅藻土的 XRD 图谱在 $2\theta = 20.8°$ 和 $2\theta = 26.6°$ 处有较强的衍射峰，这两个衍

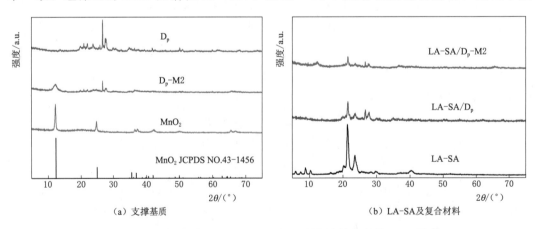

（a）支撑基质　　　　　　　　　　　　　（b）LA-SA 及复合材料

图 7-13　支撑基质、LA-SA 及其复合相变储热材料的 XRD 图谱

射峰源自石英晶相。在 D_P - MnO_2 的 XRD 图谱中，由于 MnO_2 的掺入，硅藻土的两个衍射峰强度降低了。负载相变材料 LA - SA 后，复合相变储热材料中存在 LA - SA 的特征衍射峰（$2\theta=21.51°$ 和 $2\theta=23.76°$），表明 LA - SA 在浸渍过程中被吸附到支撑基体中。此外，在 LA - SA/D_P - M2 的 XRD 图谱中，除了 D_P 和 MnO_2 的衍射峰外，没有新的衍射峰，证实了该反应没有产生其他物质；同时，纯 LA - SA 和支撑基体在相应复合相变储热材料中的峰位几乎没有变化，表明 LA - SA 和支撑基体真空浸渍过程中没有发生化学反应。

为了验证支撑基体与相变储热材料的化学相容性，对样品进行了 FTIR 测试。图 7 -

14 中：$1061cm^{-1}$、$797cm^{-1}$ 和 $470cm^{-1}$ 处的 D_P 特征衍射峰分别源于 Si - O - Si 基团的伸缩振动、SiO - H 基团的振动和 O - Si - O 基团的弯曲振动，说明 D_P - M2 的 FTIR 谱图与 D_P 的 FTIR 谱图基本一致；LA - SA 的特征衍射峰出现在 $2924cm^{-1}$、$2855cm^{-1}$、$1712cm^{-1}$ 和 $1456cm^{-1}$ 处，它们分别为—CH 的非对称和对称伸缩振动峰（$2924cm^{-1}$ 和 $2855cm^{-1}$）、C═O 的伸缩振动峰（$1712cm^{-1}$）和—CH 的弯曲振动峰（$1456cm^{-1}$），说明复合相变储热材料

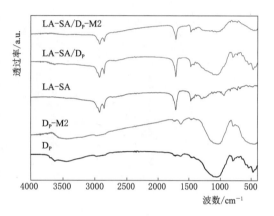

图 7 - 14　支撑基质、LA - SA 和硅藻土基复合相变储热材料的 FTIR 光谱

的 FTIR 光谱中没有发现除相变储热材料和支撑基体以外的新峰，表明在真空浸渍过程中，相变储热材料和支撑基体没有发生化学反应。

7.2.2.2　二氧化锰修饰硅藻土基体的外观形貌与表面特征

图 7 - 15 为 D_P、D_P - M2 和相应复合相变储热材料的 SEM 图。图中可以明显地观察到水热反应后硅藻土表面被 MnO_2 纳米片层修饰。与 D_P 相比，D_P - M2 的表面相对粗糙，这为吸附相变储热材料提供了更多的吸附点。此外，由图 7 - 15（b）可知，硅藻土表面的 MnO_2 纳米片没有覆盖硅藻土的孔隙，表明 MnO_2 纳米片在几乎不影响硅藻土的表面孔隙条件下，生长良好。负载相变材料 LA - SA 后，LA - SA 在复合相变储热材料［图 7 - 15（c）和图 7 - 15（d）］中大面积占据了支撑基体的外表面，表明 LA - SA 已成功吸附到 D_P 和 D_P - M2 的孔隙中。

通过 EDS 能谱分析测定了 D_P 和 D_P - M2 的元素含量［图 7 - 15（a）和图 15（b）］，即从 D_P 和 D_P - M2 的表面检测到 Si、C、O、Al 和 K 等几种元素。由表 7 - 5 可以发现，与 D_P 相比，D_P - M2 中 Si、C、O、Al 和 K 等元素的含量降低了，K、Mn 元素显著增加。

(a) D_P

(b) D_P-M2/SEM

(c) LA-SA/D_P

(d) LA-SA/D_P-M2

图 7-15 D_P、D_P-M2 和相应复合相变储热材料的 SEM 图

表 7-5 D_P 和 D_P-M2 的相对元素含量（质量百分数）

样品	O/%	Al/%	Si/%	K/%	Mn/%
D_P	34.62	7.42	56.08	1.88	0
D_P-M2	27.48	7.83	37.00	8.44	19.25

图 7-16 为 D_P 和 D_P-M2 的 XPS 全谱扫描图。对比 D_P-M2 和 D_P 的全谱图，发现水热反应后（D_P-M2），Si2p 峰的强度降低，并出现了 Mn2p 峰。D_P-M2 的谱图

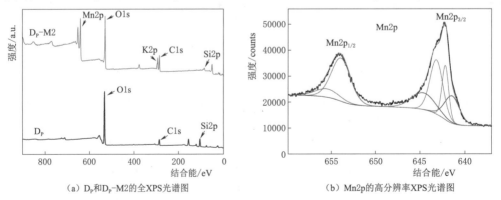

（a）D_P和D_P-M2的全XPS光谱图

（b）Mn2p的高分辨率XPS光谱图

图 7-16 D_P 和 D_P-M2 的 XPS 全谱扫描图

在 642.43eV、529.93eV、402.19eV、284.85eV 和 101.97eV 处的结合能分别对应 Mn2p、O1s、N1s、C1s 和 Si2p。对 Mn2p（642.43 eV）的窄谱进行分峰拟合，以判定元素的组成状态。图 7-16 为 Mn2p 的高分辨率 XPS 光谱图，Mn2p$_{3/2}$ 峰的顶部形状是 MnO$_2$ 谱图的标志，在 642.43eV、643.98eV、644.93eV 和 645.63eV 处的峰拟合成线形，可以匹配 Mn2p 的光谱图，因此可以推断 Mn^{4+} 的存在[192]。

7.2.2.3　二氧化锰修饰硅藻土基复合相变储热材料的热稳定性

图 7-17 为所有样品在氮气环境下加热到 700℃的 TG 曲线图。在 25~700℃温度范围内，D$_P$-M2 的质量损失约为 7.9%。图 7-17（b）为 D$_P$-M2 的高温 TG-DSC 图，可以看到在 25~700℃温度范围内，D$_P$-M2 的质量出现了两次损失。第一次质量损失在 25~200℃范围内，质量损失了 5.4%，这次质量损失可归因于 D$_P$-MnO$_2$ 内吸附水和结合水的挥发；第二次重量损失在 500~700℃温度区间，由于 MnO$_2$ 向 Mn$_2$O$_3$ 的转变，D$_P$-MnO$_2$ 发生了重量损失。从图 7-17（a）可以看到，纯 LA-SA 和 LA-SA/D$_P$ 都表现为单一的热解过程，而以 D$_P$-MnO$_2$ 为基体材料制备的复合相变储热材料的热解过程分为两步完成，但两次质量损失都是由于 LA-SA 的热解引起的。由于支撑基体 D$_P$-MnO$_2$ 中存在硅藻土和 MnO$_2$ 两种孔隙结构，第一个热解过程由吸附在外面的 LA-SA 热解所致；然而，部分 LA-SA 被限制在更深层次的孔隙结构中，受到强烈的相互作用力限制，因此需要更高的温度才能热解，从而形成了第二个热解过程。因此，可以认为二氧化锰修饰硅藻土表面提高了复合相变储热材料的热稳定性。此外，在 100℃下，纯 LA-SA 和硅藻土基复合相变储热材料没有明显的质量损失，表明该样品应用于在建筑围护结构体系中将具有良好的热稳定性。经过式（7-1）和式（7-2）计算可得，LA-SA/D$_P$、LA-SA/D$_P$-M1、LA-SA/D$_P$-M2 和 LA-SA/D$_P$-M3 的负载量分别为 41.1%、43.3%、42.2% 和 52.8%。支撑基体（D$_P$、D$_P$-M1、D$_P$-M2、D$_P$-M3）对 LA-SA 的负载能力分别为 69.8%、76.4%、73.0% 和 89.4%。可以看出，D$_P$-MnO$_2$ 作为支撑基体具有较高的负载能力，

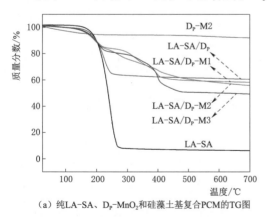

（a）纯 LA-SA、D$_P$-MnO$_2$和硅藻土基复合 PCM 的 TG 图

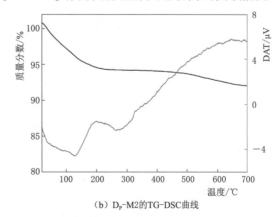

（b）D$_P$-M2 的 TG-DSC 曲线

图 7-17　所有样品在氮气环境下加热到 700℃的 TG 曲线图

以 D_P-MnO_2 为支撑基体制备的复合相变储热材料具有较高的相变储热材料负载量。

7.2.2.4 二氧化锰修饰硅藻土基复合相变储热材料的储热容量

纯 LA-SA 和硅藻土基复合相变储热材料的热性能见表 7-6。

表 7-6   纯 LA-SA 和硅藻土基复合相变储热材料的热性能

样 品	负载量 $\beta/\%$	熔融温度 $T_m/℃$	熔融潜热 $\Delta H_m/(J/g)$	冷却温度 $T_f/℃$	冷却潜热 $\Delta H_f/(J/g)$	理想潜热值 $\Delta H_m/(J/g)$	LA-SA 的结晶度 $F_c/\%$
LA-SA	100	31.50	167.00	28.93	166.90		100
LA-SA/D_P	41.1	31.14	59.87	29.34	57.73	68.64	84.1
LA-SA/D_P-M1	43.3	27.90	46.39	23.85	45.69	72.31	63.2
LA-SA/D_P-M2	42.2	26.81	66.74	25.68	60.70	70.47	86.1
LA-SA/D_P-M3	52.8	26.75	62.94	24.61	53.65	88.18	60.8

为此，采用差示扫描量热法（DSC）测定了纯相变储热材料和复合相变储热材料的相变温度和相变潜热。LA-SA/D_P 的熔融温度和冷却温度分别为 31.14℃ 和 29.34℃，而以 D_P-MnO_2 为支撑基体制备的硅藻土基复合相变储热材料的相变温度范围分别为 26.75～27.90℃ 和 23.85～25.68℃。MnO_2 修饰硅藻土表面制成的硅藻土基复合相变储热材料相变温度的下降可归因于纯 LA-SA 在复合相变储热材料中的限制行为[156,192]（热重分析中也有提到）。从图 7-18 可以看出，LA-SA/D_P-M2 的相变潜热大于 LA-SA/D_P-M1、LA-SA/D_P-M3 的相变潜热。LA-SA/D_P-M1、LA-SA/D_P-M2、LA-SA/D_P-M3 的熔融潜热分别为 46.39J/g、66.74J/g、62.94J/g，冷却潜热分别为 45.69J/g、60.70J/g、53.65J/g。同时，LA-SA/D_P-M2 的潜热也高于 LA-SA/D_P 的相变潜热。一般认为，测量的相变潜热值低于理论潜热值，是由于孔隙空间的阻力造成了不能相变的 LA-SA 的产生。结合 TG 分析，限域效应使得在 D_P-MnO_2 基复合相变储热材料中相变储热材料负载量最低的 LA-SA/D_P-M2，潜热值却最高。

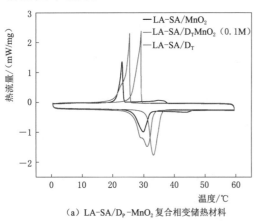

（a）LA-SA/D_P-MnO_2 复合相变储热材料

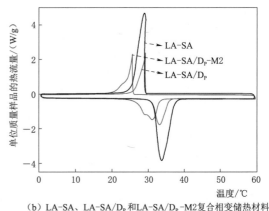

（b）LA-SA、LA-SA/D_P 和 LA-SA/D_P-M2 复合相变储热材料

图 7-18   DSC 曲线

LA－SA/D$_P$－MnO$_2$复合相变储热材料的储热性能需要在多次的熔化和冷却循环中保持稳定性。因此，对LA－SA/D$_P$－M2进行50次储热-放热循环测试，以检验其稳定性。图7－19为LA－SA/D$_P$－MnO$_2$，在第2、25、50次热循环的DSC曲线，三条DSC曲线几乎完全重合，表明在热循环过程中，LA－SA/D$_P$－MnO$_2$表现出良好的热稳定性。在经过50次热循环后，LA－SA/D$_P$－M2的熔融潜热降低了0.8％，冷却潜热降低了0.5％，熔化温度和冷却温度分别升高了0.28℃和降低了0.20℃。相变温度和相变潜热在合理范围内发生波动，表明LA－SA/D$_P$－M2具有出色的热循环稳定性。

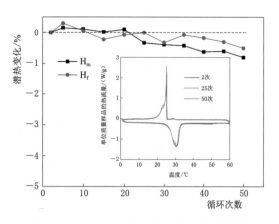

图7－19　LA－SA/D$_P$－M2的50次热循环曲线及其相变潜热值变化曲线

7.2.2.5　二氧化锰修饰硅藻土基复合相变储热材料的储放热行为

纯LA－SA和LA－SA/D$_P$的热导系数分别为0.27 W/(m·K)和0.19 W/(m·K)，而以D$_P$－MnO$_2$为基体制备的LA－SA/D$_P$－M1、LA－SA/D$_P$－M2和LA－SA/D$_P$－M3的热导率相对较高，分别为0.32W/(m·K)、0.36W/(m·K)和0.37W/(m·K)，如图7－20所示。LA－SA/D$_P$－M2复合相变储热材料的导热系数比纯LA－SA和LA－SA/D$_P$的导热系数分别提高了33.3％和89.5％，这是由于硅藻土表面修饰了导热系数较高的MnO$_2$[192]。因此，具有较高导热系数的LA－SA/D$_P$－M2具有较强的储热和放热能力。

采用所设计的储放热性能测试装置对纯相变储热材料和复合相变储热材料的储热和放热速率进行研究。图7－21为LA－SA、LA－SA/D$_P$和LA－SA/D$_P$－M2在熔融和冷却过程中的温度—时间曲线。从初始温度到最高温度（43℃），LA－SA耗时468s，而LA－SA/D$_P$、LA－SA/D$_P$－M2分别耗时246s和206s。由于LA－SA/D$_P$的相变潜热值低于LA－SA，所以即使LA－SA/D$_P$的导热系数较低，LA－SA/D$_P$达到最高温度所需的时间也比LA－SA短。与LA－SA/D$_P$相比，LA－SA/D$_P$－M2具有较高的导热系数，在加热阶段表现出较快的升温速度。在放热过程中，LA－SA/D$_P$－M2的降温速度最快，能够从较高温度急剧下降到最低温度。因此，LA－SA/D$_P$－M2的储热和放热性能明显优于LA－SA、LA－SA/D$_P$。

7.2.2.6　二氧化锰修饰硅藻土基复合相变储热材料的光—热转化性能

对LA－SA、LA－SA/D$_P$和LA－SA/D$_P$－M2进行了光—热转换性能实验，其光—热转化过程图如图7－22所示。用太阳能模拟光分别对待测样品照射10min，然

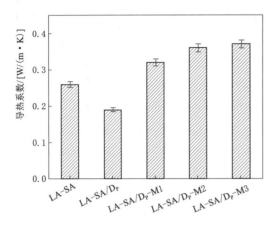

图 7-20　纯 LA-SA 和 PCM 复合相变储热材料的
导热系数

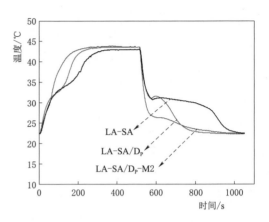

图 7-21　在热存储和释放过程中的温度—
时间曲线

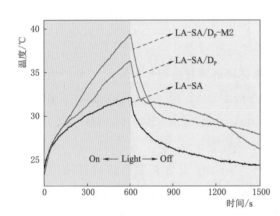

图 7-22　纯 LA-SA 和复合相变储热材料的
光—热转化曲线

后关闭光照，样品开始自动降温，填埋在样品中心的热电偶记录下整个过程中样品的温度变化。由图 7-22 可知，LA-SA/D_P-M2 的峰值温度最高，LA-SA、LA-SA/D_P 和 LA-SA/D_P-M2 的峰值温度分别为 32.1℃、36.3℃ 和 39.3℃，表明 LA-SA/D_P-M2 的光-热转化能力最强。由于 LA-SA/D_P-M2 的黑色表面使得它能够吸收模拟太阳光的大部分能量，吸收的光能转化为更多的热量，而 LA-SA/D_P-M2 较高

的导热系数，能够快速地将该部分热量向下传递，从而减少上层热量的损失。即，LA-SA/D_P-M2 兼具光—热转化过程中的高能量采集效率和高热导率两个优势[193]，因此具有最佳的光热转换性能。与纯相变储热材料相比，复合相变储热材料的温度在光源照射时迅速升高，在关闭光源后迅速下降。在相变温度附近，复合相变储热材料的冷却过程出现一个相变温度平台，表明复合相变储热材料在此过程中释放了大量的潜热。但是，纯相变储热材料的冷却过程没有出现类似的相变平台。由于纯相变储热材料存在太阳能吸收率低、反射率高和导热性能差等问题，使得纯相变储热材料在加热过程中没有获得足够的热量，不能完全发生相变，导致纯相变储热材料在冷却过程中没有出现相变平台。因此，LA-SA/D_P-M2 具有优异光—热转化能力的复合相变储热材料可应用于建筑围护结构。

7.2.2.7　二氧化锰修饰硅藻土基复合相变储热材料的瞬态温度响应

为了直观地观察到样品在加热和冷却过程中的瞬态温度变化，记录下 LA-SA、

LA－SA/D$_P$ 和 LA－SA/D$_P$－M2 的红外热像图。图 7－23 为 LA－SA 和 LA－SA/D$_P$－M2 的红外图像，其中不同的颜色代表不同的温度。实验过程中，LA－SA 和 LA－SA/D$_P$－M2 处于相同的温度环境中，如图 7－23（a）所示。不难看出 LA－SA/D$_P$－M2 的温度响应速度领先于 LA－SA 的温度响应速度。当 $t=173$s 时，LA－SA/D$_P$－M2 的温度为 52.11℃，并逐步趋于稳定；同时，LA－SA 在 173s 时，温度为 47.50℃，仍处于升温阶段。当 LA－SA 和 LA－SA/D$_P$－M2 处于相同的温度时（234s），将两者移到一边进行冷却。由于环境温度较低，冷却过程所用的时间较短，如图 7－23（b）所示。在同一时间 LA－SA 的温度高于 LA－SA/D$_P$－M2，LA－SA/D$_P$－M2 的降温速度也比 LA－SA 的降温速度快。由此可见，与 LA－SA 相比，LA－SA/D$_P$－M2 具有较高的温度响应速度。

通过记录 LA－SA/D$_P$ 和 LA－SA/D$_P$－M2 在储热—释放过程中的红外热像图，绘制了温度响应曲线，如图 7－24（a）所示。升温初始阶段（$t=37$s），LA－SA/D$_P$－M2 的温度从初始室温 20℃急剧上升到 38.72℃，而 LA－SA/D$_P$ 从 20℃上升到 34.91℃。在 $t=83$s 时，LA－SA/D$_P$－M2 的温度上升到稳定状态，并保持在 54.0℃左右。而此时，LA－SA/D$_P$ 的温度为 39.7℃，持续吸收热量直到 $t=233$ s 时，温度才达到 54.0℃。由图 7－24（b），在去掉加热板后，LA－SA/D$_P$－M2 的温度下降速度比 LA－SA/D$_P$ 的温度下降速度快，表明 LA－SA/D$_P$－M2 的瞬态温度响应优于 LA－SA/D$_P$ 的瞬态温度响应。综上所述，具有较高导热系数的 LA－SA/D$_P$－M2 具有良好的温度响应速度。

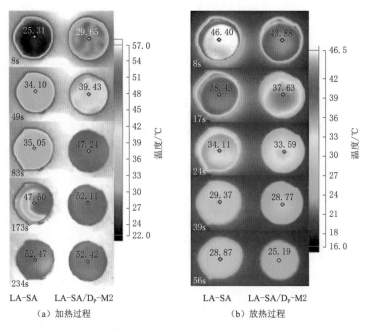

（a）加热过程　　　　　　　（b）放热过程

图 7－23　纯相变材料和复合相变储热材料的热红外图像

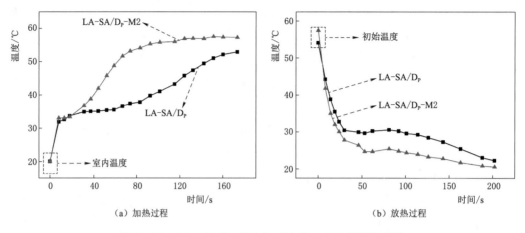

图 7-24 LA-SA/D_P 和 LA-SA/D_P-M2 的温度曲线

7.2.3 小结

通过调节反应物高锰酸钾（$KMnO_4$）的浓度合成了三种二氧化锰修饰硅藻土的支撑材料 D_P-MnO_2，负载相变材料（LA-SA）后，制备了定型复合相变储热材料，可用于热能储存系统中。

（1）通过 SEM、EDS 和 XPS 分析，证实了硅藻土表面存在 MnO_2 纳米颗粒，这些 MnO_2 纳米颗粒在几乎不影响硅藻土原有孔隙结构的情况下，稳定地附着在硅藻土的表面。

（2）由于反应物 $KMnO_4$ 的浓度不同，得到的 D_P-MnO_2 的孔结构不同，导致支撑基体的负载能力和结晶度的差异。其中以 D_P-M2 作为支撑基体制备的复合相变储热材料 LA-SA/D_P-M2，负载量为 42.2%，熔融温度为 26.81℃，熔融潜热为 66.74J/g。

（3）与 LA-SA 和 LA-SA/D_P 相比，LA-SA/D_P-M2 不仅具有较高的导热系数，而且光-热转换性能也显著增强，有利于提高相变储热材料的太阳能利用效率。热红外图像表明，LA-SA/D_P-M2 具有良好的瞬态温度响应特性。LA-SA/D_P-M2 经 50 次热循环后仍保持良好的热稳定性。因此，LA-SA/D_P-M2 在建筑围护结构中，特别是在寒冷地区具有良好的应用潜力。

7.3 碳修饰硅藻土强化储热性能的研究

7.3.1 实验内容

二氧化锰修饰硅藻土基复合相变储热材料的制备过程如下：

(1) 使用模板法对硅藻土表面进行碳化：首先，称取 4g 的蔗糖放入坩埚中，取适量去离子水加入坩埚中，使用磁力搅拌器使蔗糖充分溶于去离子水中。将碳酸钙（$CaCO_3$）与硅藻土（D）充分混合后加入到蔗糖溶液中，并连续搅拌 30min。此时，坩埚中的混合物呈黏稠糊状，将坩埚在 80℃ 的恒温烘箱中干燥 24h。然后，将坩埚放入管式炉中煅烧 2h，煅烧条件为：600℃、氩气气氛。待管式炉温度降至室温后，将样品取出并放入浓度为 10% 的稀 HCl 溶液中以除去模板碳酸钙。反复用去离子水洗涤后，在 80℃ 的温度下干燥后，获得碳纳米颗粒修饰的硅藻土基体（D_C）。在 600℃、800℃ 和 1000℃ 的温度下煅烧获得的样品分别命名为 D_C-600、D_C-800 和 D_C-1000，制备流程如图 7-25 所示。

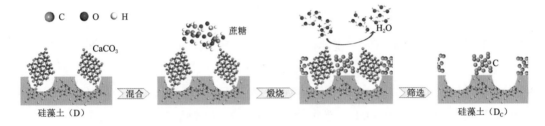

图 7-25　碳纳米颗粒修饰硅藻土表面制备流程图

(2) 通过真空浸渍法制备硅藻土基复合相变储热材料。将质量比为 2∶1 的 LA-SA 和 D 放入锥形瓶中，通过真空水泵将锥形瓶内抽至 -0.1MPa。为了防止水回流，配备了防吸装置。5min 后，将混合物置于 80℃ 的恒温水浴中加热 30min，以使熔融的 LA-SA 进入支撑基体的孔隙中。然后，将锥形瓶在 80℃ 的超声波水浴中处理 5min。在 80℃ 的恒温箱中热过滤 4h，除去过量的 LA-SA。将使用不同支撑基体（D、D_C-600、D_C-800 和 D_C-1000）制备的复合相变储热材料分别标记为 LA-SA/D、LA-SA/D_C-600、LA-SA/D_C-800 和 LA-SA/D_C-1000。

7.3.2　结果与讨论

7.3.2.1　碳修饰硅藻土基体与相变储热材料的化学兼容性

图 7-26 为 LA-SA、支撑基体和相应的复合相变储热材料的 XRD 图。D 的衍射图有一个在 $2\theta=20°\sim30°$ 范围内的宽峰，对应于 SiO_2 的典型非晶结构，而在 $2\theta=26.6°$ 处聚集的强峰可以归因于石英晶体的（101）反射峰。在 D_C 的图谱中，除了 D 的特征峰以外，还存在一个位于 $2\theta=29.4°$ 的强峰，该强峰随着煅烧温度的升高而增强。在 $2\theta=21.4°$ 和 $2\theta=26.6°$ 处的峰是纯相变储热材料 LA-SA 的衍射峰，也出现在硅藻土基复合相变储热材料的衍射图中。在硅藻土基复合相变储热材料的衍射图中，除 LA-SA 的衍射峰外，其余的峰均与相应支撑基体的峰一一对应，并且未观察到新峰。说明在浸渍过程中，纯相变储热材料和支撑基体之间化学兼容性好。

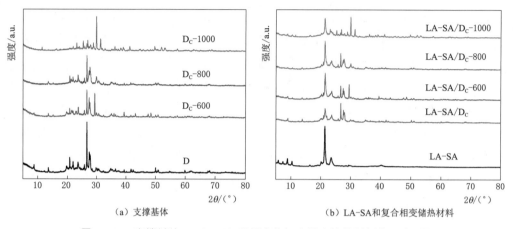

（a）支撑基体　　　　　　　　　　　　（b）LA-SA和复合相变储热材料

图 7-26　支撑基体、LA-SA 和相应的复合相变储热材料的 XRD 图

FTIR 分析也用于验证纯相变储热材料和支撑基体之间的化学相容性。在 D 的图谱中［图 7-27（a）］，468cm^{-1}、796cm^{-1} 和 1092cm^{-1} 处分别为 Si—O 的弯曲振动、Si—OH 的振动和—Si—O—Si—的伸缩振动基团特征吸收峰；在 1652cm^{-1} 和 3440cm^{-1} 处的峰归因于—OH 官能团的弯曲振动和伸缩振动。在 D$_C$ 的图谱中，发现一些硅藻土的特征峰减小了或者消失了，表明在煅烧过程中，改变了硅藻土表面的官能团组成。在图 7-27（b）中，在 1700cm^{-1}、2850cm^{-1} 和 2918cm^{-1} 处有三个主要吸收峰，分别为 C≡O 的伸缩振动、—CH$_2$ 和—CH$_3$ 的伸缩振动引起的衍射峰。在硅藻土基复合相变储热材料的图谱中，可以很明显地看到复合相变储热材料的特征峰与纯相变储热材料和相对应的支撑基体的特征峰相对应，且没有明显的新峰。进一步证实了 LA-SA 与 D-基体之间不发生化学反应。

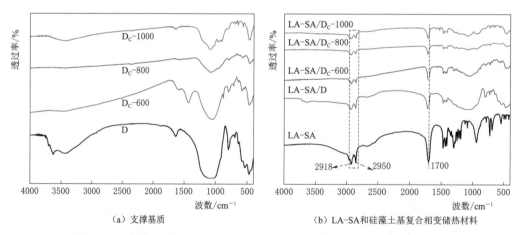

（a）支撑基质　　　　　　　　　　　　（b）LA-SA和硅藻土基复合相变储热材料

图 7-27　支撑基质、LA-SA 和硅藻土基复合相变储热材料的 FTIR 光谱

7.3.2.2　碳修饰硅藻土基体的外观形貌与表面特征

图 7-28 为 D、D$_C$-600、D$_C$-800 和 D$_C$-1000 的 SEM 图。图 7-28（a）中，硅

藻土表现出很高的比表面积和丰富的孔隙结构。EDS能谱检测出D中存在O、Si、Al和Na等元素。在高温碳化后，硅藻土的原始几何形状仍然保持圆柱形结构。从图7-28（a）～图7-28（c）可以清楚地看到，许多碳颗粒占据了D_C-600、D_C-800和D_C-1000的外表面边缘位置，使得硅藻土的孔结构得以保留。采用模板法生成的碳颗粒结构呈现出疏松、连贯的多孔结构，随着煅烧温度的升高，碳颗粒逐渐增加。然而，当煅烧温度为1000℃时，硅藻土的孔结构轮廓变得模糊，这是由于高温煅烧破坏了硅藻土的整体孔结构所致，这与Qian等的研究[184]结果一致。从D_C-1000的EDS能谱图可以看到，在D_C-1000的表面检测到碳元素，通过EDS分析获得的D和D_C-1000相对元素组成表见表7-7。对比硅藻土碳化前的相对元素含量，可知，硅藻土碳化后Si和O元素相比含量显著减少，而C元素从0%增加到了35.28%，表明在硅藻土表面确实生成了碳物质。

（a）D   （b）D_C-600

（c）D_C-800   （d）D_C-1000

图7-28　D、D_C-600、D_C-800和D_C-1000的SEM图像

表7-7　　　　　　　　　　　　　D和D_C-1000的相对元素含量

样品	Si/%	Al/%	Na/%	K/%	O/%	C/%	Ca/%
D	24.18	5.9	2.52	0.7	66.69	0	0
D_C-1000	14.36	1.89	1.13	0.09	43.79	35.28	3.47

图7-29为D_C-1000样品的窄扫描谱。为判定元素的组成形态，对C1s（284.8eV）

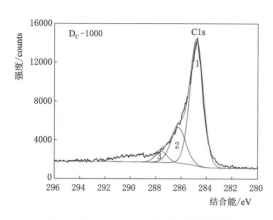

图 7 - 29　D_C - 1000 的 C1s 窄扫描谱

的窄谱进行分峰拟合，位于 284.78eV、286.22eV 和 287.58eV 处的结合能分别对应 C—C、C—O 和 C＝O 官能团[156]。显然，C—C 官能团的占比最大，为 69.8%，这意味着碳纳米粒子的高度石墨化。

制备的定型复合相变储热材料（LA - SA/D 和 LA - SA/D_C - 1000）的微观形貌如图 7 - 30 所示。在复合相变储热材料的外表面没有看到硅藻土的多孔结构和碳颗粒结构，保留了硅藻土的整体管状结构。放大复合相变储热材料的表面，可看到表面光滑有光泽，表明通过真空浸渍，被吸附的纯相变储热材料很好地分布在硅藻土基体的多孔结构中。

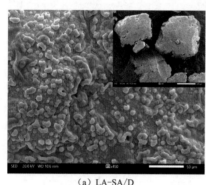

（a）LA-SA/D　　　　　　　（b）LA-SA/D_C-1000

图 7 - 30　LA - SA/D 和 LA - SA/D_C - 1000 SEM 图

7.3.2.3　碳修饰硅藻土基体的孔隙结构特征

为更好地了解支撑基体的吸附特性，对支撑基体基质的比表面积和孔结构特性进行表征。图 7 - 31 （a） 为 D 和 D_C 的比表面积分析结果。与未碳化的 D 相比，碳颗粒修饰的 D_C 比表面积更大，并且随着碳化温度的升高而逐渐增加。测得 D、D_C - 600、D_C - 800 和 D_C - 1000 的比表面积分别为 50.3m²/g、88.9m²/g、104.9m²/g 和 107.2m²/g。进一步研究了具有最高比表面积的 D_C - 1000 的多孔性。图 7 - 31 （b）中，D 和 D_C - 1000 的 N_2 吸附—解吸等温曲线类型一致，表明在碳化后，硅藻土的微观结构仍得以保持[194]。在 $0.4 < P/P_0 < 1.0$ 区域间，D 和 D_C - 1000 的等温线均表现出吸附等温线 H3 滞后回线，表明氮与 D/D_C - 1000 之间有很强的相互作用力。在接近 $P/P_0 = 1$ 的高相对压力下，吸附等温线几乎没有吸附平台，表明材料中存在大孔。而且，吸附等温线的中间部分（$0.4 < P/P_0 < 0.8$）是由毛细管冷凝的中孔吸附引起

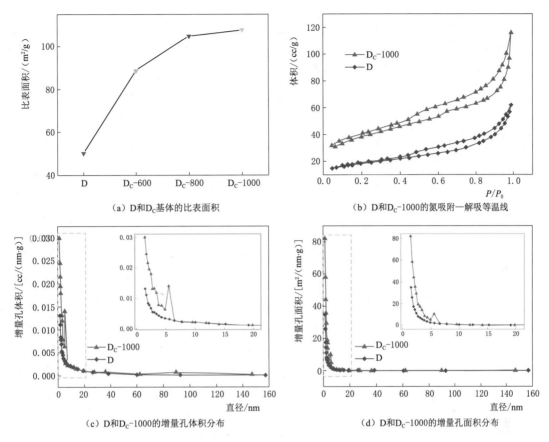

（a）D和D_C基体的比表面积　　　（b）D和D_C-1000的氮吸附—解吸等温线

（c）D和D_C-1000的增量孔体积分布　　　（d）D和D_C-1000的增量孔面积分布

图 7-31　D 和 D_C 的孔隙特征

的。因此，可知硅藻土基体中同时存在介孔和大孔[194,195]。表 7-8 为所得的孔隙结构定量表征结果。测得 D 和 D_C - 1000 的吸附累积孔体积分别为 0.088cc/g 和 0.163cc/g，相应的平均孔径为分别为 6.153nm 和 5.502nm。根据以上结果，D_C - 1000 具有比 D 更大的累积孔隙体积，从而具有更大的孔隙空间来装载纯相变储热材料 LA - SA；由于 D_C - 1000 的平均孔径较小，因此 LA - SA/D_C - 1000 复合相变储热材料中 LA - SA 与 D_C - 1000 之间的毛细管作用力应比 LA - SA/D 复合相变储热材料中的 LA - SA 与 D 之间的作用力强，该结论在后续 TG 分析中得到证实。D 和 D_C - 1000 的增量孔体积和面积分布如图 7-31（c）和图 7-31（d）所示。其中，D 和 D_C - 1000 的增量孔体积和面积主要分布在 2～5nm 和 5～150nm 区域，分别对应于中孔和大孔，与以上分析一致。

表 7-8　　　　　　　　　　　　　　D 和 D_C - 1000 的孔隙结构特性

样品	BJH 吸附累积孔体积 /(cc/g)	BJH 吸附累积孔面积 /(m² /g)	平均孔直径/nm
D	0.088	50.312	6.153
D_C - 1000	0.163	107.772	5.502

7.3.2.4　碳修饰硅藻土基复合相变储热材料的热稳定性

通过 TG 测试分析纯相变材料和硅藻土基复合相变储热材料的热稳定性。图 7 - 32 为样品在氮气气氛下从室温加热到 600℃的 TG 曲线。发现 LA - SA、LA - SA/D、LA - SA/D$_C$ - 600、LA - SA/D$_C$ - 800 和 LA - SA/D$_C$ - 1000 的起始分解温度（质量损失为 5%时的温度）范围为 180～190℃。从图 7 - 32（a）中可以发现，纯相变材料和硅藻土基复合相变储热材料只存在一个热降解平台，从 180℃开始分解到 300℃基本全部完成热解过程，该热解过程是由纯相变储热材料的大分子链断裂分解为烯烃等小分子链，随气体逸出加热炉引起。此外，LA - SA/D$_C$ - 800 和 LA - SA/D$_C$ - 1000 的 TG 曲线几乎重叠，表明两者具有相似的 LA - SA 含量。通过分析 TG 曲线，LA - SA/D、LA - SA/D$_C$ - 600、LA - SA/D$_C$ - 800 和 LA - SA/D$_C$ - 1000 在 500℃的质量损失百分数分别为 41.57%、42.59%、50.54%和 49.92%。质量损失百分数即为负载量，则碳化后的硅藻土具有更强的负载能力 LC。D、D$_C$ - 600、D$_C$ - 800 和 D$_C$ - 1000 的负载能力分别为 71.14%、74.19%、102.16%和 99.68%。图 7 - 32（b）为加热过程中的 DSC 曲线，可以直观地看到纯相变储热材料和硅藻土基复合相变储热材料在 25～50℃出现了向下的峰，是由于相变储热材料发生相变引起了热熔变化。为获得更准确的相变温度和相变潜热值，对纯相变储热材料和硅藻土基复合相变储热材料进行了低温 DSC 扫描。

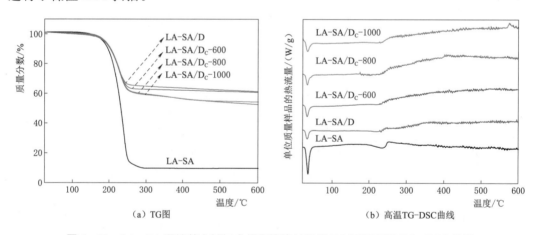

（a）TG图　　　　　　　　　　（b）高温TG-DSC曲线

图 7 - 32　LA - SA 和硅藻土基复合相变储热材料的 TG 图和高温 TG - DSC 曲线

7.3.2.5　碳修饰硅藻土基复合相变储热材料的储热容量

通过 DSC 扫描确定了硅藻土基复合相变储热材料的相变温度和潜热。所获得的 DSC 曲线如图 7 - 33 所示。在熔化和冷冻过程中仅观察到一个吸热峰和冷却峰，分别与固-液和液-固相转变相符。表 7 - 9 中为相应的储热特性数据。LA - SA/D、LA - SA/D$_C$ - 600、LA - SA/D$_C$ - 800 和 LA - SA/D$_C$ - 1000 的熔融相变温度分别为 31.18℃、31.15℃、31.45℃和 31.48℃，与 LA - SA 的熔融相变温度相近（31.52℃），满足节能建筑系统的工作温度要求。LA－SA/D 的熔化和冷却潜热值分别为 56.89J/g 和 54.31J/g；LA－SA/D$_C$－600 的熔化和冷却潜热值分别为 61.40J/g 和 58.64J/g；LA－SA/D$_C$－800 的熔化和冷却潜热值分别为 68.37J/g 和 65.19J/g；LA－SA/D$_C$－1000 的熔化和冷却潜热值分别为 70.07J/g 和 69.14J/g。可以发现，基于碳颗粒修饰的硅藻土基复合相变储热材料比未修饰碳颗粒的硅藻土复合相变储热材料具有更高的潜热值。

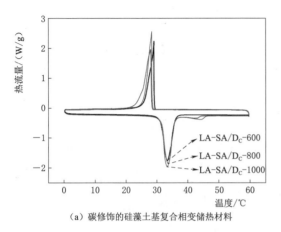
（a）碳修饰的硅藻土基复合相变储热材料

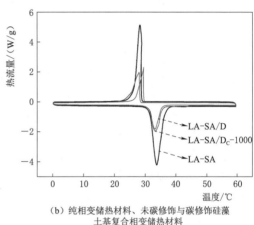
（b）纯相变储热材料、未碳修饰与碳修饰硅藻土基复合相变储热材料

图 7－33　LA－SA 和硅藻土基复合相变储热材料的 DSC 曲线

表 7－9　　　　　　　纯 LA－SA 和硅藻土基复合相变储热材料的储热性能参数

样　　品	负载量 $\beta/\%$	熔融温度 $T_m/℃$	熔融潜热 $\Delta H_m/(J/g)$	冷却温度 $T_f/℃$	冷却潜热 $\Delta H_f/(J/g)$
LA－SA	100	31.52	159.5	28.68	158.9
LA－SA/D	41.57	31.18	56.89	29.53	54.31
LA－SA/D$_C$－600	42.59	31.15	61.40	29.13	58.64
LA－SA/D$_C$－800	50.54	31.45	68.37	28.38	65.19
LA－SA/D$_C$－1000	49.92	31.48	70.07	28.10	69.14

　　为测试 LA－SA/D$_C$－1000 的长期热循环稳定性，对其进行了 50 次热循环测试。图 7－34 中，在三个热循环曲线（分别为第 2 次、第 25 次、第 50 次热循环）中没有观察到明显变化，图形基本重合。通过对比 50 次循环中不同循环次数时的相变温度和相变潜热，发现经过 50 个循环后，LA－SA/D$_C$－1000 的熔融相变温度增加了 0.15℃，冷却相变温度降低了 0.26℃，最大熔融相变潜热值和冷却相变潜热值损失分别不超过 3.1% 和 0.9%。因此，制备的 LA－SA/D$_C$－1000 在实际应用中可以实现较长期的运行稳定性。

7.3.2.6　碳修饰硅藻土基复合相变储热材料的导热性能

　　导热系数是评估相变储热材料性能的重要因素。表 7－10 中列出了测得的相变储热材料导热系数。LA－SA 的导热系数为 0.22W/(m·K)，比 LA－SA/D 的导热系数值 [0.20W/(m·K)] 略高。LA－SA/D$_C$－600、LA－SA/D$_C$－800 和 LA－SA/D$_C$－

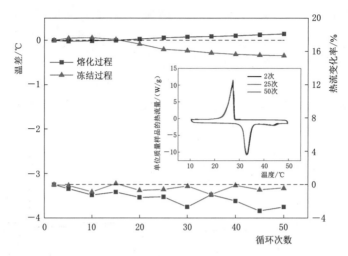

图 7-34 LA-SA/D_C-1000 的 50 次热循环曲线及相变温度和相变潜热的变化值曲线

1000 的导热系数分别为 0.30W/(m·K)、0.34W/(m·K) 和 0.38W/(m·K)，高于 LA-SA 和 LA-SA/D 的导热系数值。与 LA-SA 的导热系数相比，LA-SA/D_C-600、LA-SA/D_C-800 和 LA-SA/D_C-1000 的导热系数分别提高了 36%、55% 和 73%。与 LA-SA/D 的导热系数相比，LA-SA/D_C-600、LA-SA/D_C-800 和 LA-SA/D_C-1000 的导热系数分别提高了 50%、70% 和 90%。由此可知，基于碳颗粒修饰的硅藻土复合相变储热材料的导热系数值随碳化温度的升高而增加。因此，具有高导热性能的 LA-SA/D_C-1000 在热能存储系统中具有较好的应用潜力。

表 7-10   LA-SA 和硅藻土基复合相变储热材料的热导率

样品	LA-SA	LA-SA/D	LA-SA/D_C-600	LA-SA/D_C-800	LA-SA/D_C-1000
λ/[W/(m·K)]	0.22	0.20	0.30	0.34	0.38

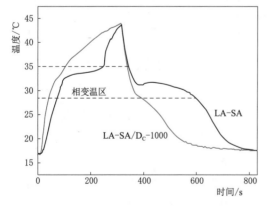

图 7-35 LA-SA 和 LA-SA/D_C-1000 的
储热和释放曲线

将样品放入试管中，使用恒温水浴加热/冷却样品并通过热电偶测量样品的温度变化来研究样品的储/放热性能。图 7-35 为 LA-SA 和 LA-SA/D_C-1000 在熔融和冷却过程中的温度变化曲线图。由图可知，由于相变材料发生相变分别在熔融和冷却过程中引起了一个吸热平台和放热平台。在发生固—液相变之前（约 31℃），LA-SA/D_C-1000 从初始温度到熔融相变温度点仅用了 57s，而 LA-SA 达到熔融相变温度点用了 87s。当 LA-SA 和 LA-SA/D_C-1000 完成相变过程并达到相同温度后，将样品一起移至冷水浴中。LA-SA/D_C-1000 从高温迅速降到冷却相变温度点需要 33s，而 LA-SA 却需要 48s。因此，LA-SA/D_C-1000 的储/放热速率强于 LA-SA 的储/放热速率。

7.3.2.7 碳修饰硅藻土基复合相变储热材料的光—热转化性能

图 7-36 为 LA-SA、LA-SA/D 和 LA-SA/D_C-1000 的光—热转化曲线。从图 7-36（a）中检测到 LA-SA、LA-SA/D 和 LA-SA/D_C-1000 的温度随着光照射时间的增加而升高，并且在关闭光源之后迅速降低。实验过程中，LA-SA 的最高温度为 33.8℃，LA-SA/D 的最高温度为 39.1℃，LA-SA/D_C-1000 的最高温度为 45.1℃。在相同光照时间内，LA-SA/D_C-1000 的温度最高，而 LA-SA 的温度最低。另外，设定目标温度 40℃，当样品达到目标温度时，关闭模拟光源以检测样品的光—热转换速度。图 7-36（b）中，从室温上升到目标温度（40℃），LA-SA、LA-SA/D 和 LA-SA/D_C-1000 分别用了 1618s、641s 和 397s，表明 LA-SA/D_C-1000 的光—热转化速度最快，LA-SA 的光—热转化速度最慢。以上结果可以归因于 LA-SA/D_C-1000 具有出色的光吸收能力和良好的导热性能[193]。出色的光吸收能力使 LA-SA/D_C-1000 能吸收更多的太阳光能，从而产生更多的热量；而良好的导热性可以使 LA-SA/D_C-1000 产生的热量迅速向下传递。所以，LA-SA/D_C-1000 具有最佳的光—热转化性能。

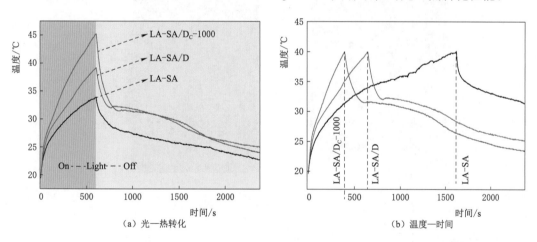

（a）光—热转化　　　　　　　　　　（b）温度—时间

图 7-36　LA-SA、LA-SA/D 和 LA-SA/D_C-1000 的光—热转化曲线和温度—时间曲线

7.3.2.8 碳修饰硅藻土基复合相变储热材料的瞬态温度响应

通过红外热像仪检验 LA-SA 和 LA-SA/D_C-1000 的瞬态温度响应行为。图 7-37 为 LA-SA 和 LA-SA/D_C-1000 在吸热和放热过程中的红外热图像。图 7-37（a）中，中心温度 T_c 从初始温度（15℃）升高至相变温度（30℃），LA-SA/D_C-1000 耗时 55s，而 LA-SA 耗时 77s。当 $t=296$s 时，LA-SA/D_C-1000 的中心温度为 40.6℃，而 LA-SA 的中心温度仅为 33.2℃；当 $t=762$s 时，LA-SA 的中心温度为

40℃。当 LA - SA 和 LA - SA/D$_c$ - 1000 达到相同温度时，将它们一起移至一边冷却。图 7 - 37 （b）中，在冷却期间，LA - SA/D$_c$ - 1000 的中心温度降至低温（23.80℃）用了 23s。并且，当 LA - SA/D$_c$ - 1000 的中心温度几乎下降到环境温度时，LA - SA 的中心温度仍处于相对较高的温度下。这表明 LA - SA/D$_c$ - 1000 在储热和放热过程中的瞬态温度响应优于 LA - SA。将记录的所有红外图像中的温度信息绘制为曲线，如图 7 - 38 所示。可以明显看出，LA - SA/D$_c$ - 1000 的储热和释放速率都比 LA - SA 高。LA - SA/D$_c$ - 1000 的中心温度（T_c）和平均温度（T_a）之间的差异（$\Delta T \leqslant$ 2.3℃）小于 LA - SA 的中心温度和平均温度之间的差异（$\Delta T \leqslant$ 3℃），这表明在吸热和放热过程中 LA - SA/D$_c$ - 1000 表现出 LA - SA 更均匀的热扩散能力。因此，制备的复合相变储热材料不仅具有更快的温度响应速率，而且具有更好的传热均匀性。

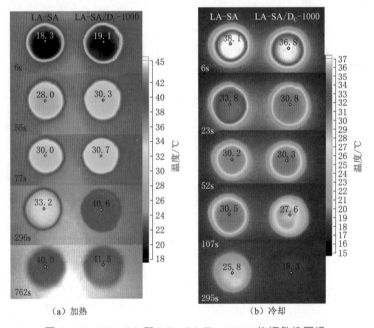

图 7 - 37　LA - SA 和 LA - SA/D$_c$ - 1000 的红外热图像

7.3.3　小结

　　为提高硅藻土基复合相变储热材料的导热性能，将导热性能优异的碳纳米颗粒引入复合相变材料中以实现导热性能强化。本节以碳酸钙（$CaCO_3$）为模板、蔗糖为碳源，通过高温煅烧，获得碳颗粒修饰硅藻土表面的支撑基体。负载相变储热材料 LA - SA，制备了定型复合相变储热材料。

　　（1）通过 XRD、FTIR 分析验证了纯相变储热材料和支撑基体的化学兼容性；通过 SEM、EDS、XPS 和 BET 等表征实验，证实了硅藻土表面被碳纳米颗粒成功修饰，碳纳米颗粒修饰后的硅藻土具有更大的比表面积和孔隙空间，从而能够负载更多的相

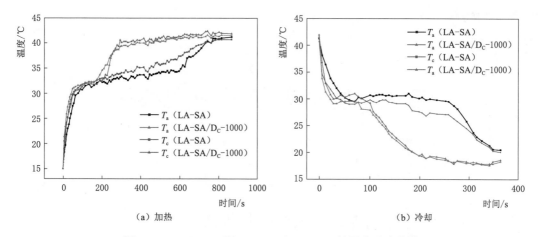

图 7-38 LA-SA 和 LA-SA/D_C-1000 的温度响应曲线

变材料和更大的储热容量。

(2) D、D_C-600、D_C-800 和 D_C-1000 的负载能力分别为 71.14％、74.19％、102.16％和 99.68％。LA-SA/D、LA-SA/D_C-600、LA-SA/D_C-800、LA-SA/D_C-1000 的熔融潜热值分别为 56.89J/g、61.40J/g、68.37J/g、70.07J/g，碳化后的硅藻土具有更强的负载能力，基于碳颗粒修饰的硅藻土基复合相变储热材料具有比未修饰碳颗粒的硅藻土复合相变储热材料更高的潜热值。

(3) 碳纳米颗粒的引入，使硅藻土复合相变储热材料的导热系数显著提高，与纯相变储热材料相比，导热系数提高了 73％，基于碳颗粒修饰的硅藻土基复合相变储热材料还具有更强的光—热转化能力。通过储热和放热实验以及红外热像图分析，LA-SA/D_C-1000 的温度响应速率和内部传热均匀性都优越于 LA-SA。LA-SA/D_C-1000 在储热系统中具有潜在的应用前景。

第8章

储热矿物材料技术应用实践

8.1 基于相变储热的无水箱太阳能热水器

8.1.1 研究背景

随着化石能源的日益枯竭、环境污染的日益严重，太阳能的利用越来越受到世界各国的关注，并大力发展太阳能光热产业。太阳能热水器是太阳能光热利用最普遍的方式之一，我国已成为太阳能热水器生产和使用大国。

无水箱太阳能热水器是针对传统太阳能热水器的诸多不足而研发的新一代太阳能热水器。其与市场上广泛采用的紧凑式太阳能热水器的主要优点在于无水箱设计，使得该热水器的使用不再仅限于底层建筑，能与高层建筑相结合，集热储热一体，采用矿物基复合相变储热材料进行储热，储热容量大，储热温度可调，导热系数高，封装效果好，可有效防止相变材料的泄漏，很大程度上拓展了太阳能热水器的应用市场。

8.1.2 应用实例

8.1.2.1 工作原理与结构

无水箱太阳能热水器主要由相变式集热储热一体化装置、辅助支架、连接管路以及控制系统组成。无水箱太阳能热水器的工作原理如图8-1所示，该系统主要由集热/储热装置、热交换器、连接管道以及支架等构成。集热/储热装置又由真空集热管、储热材料、换热管道组成，换热管道填埋于储热材料中，按照热水器的运行过程可分成集热/储热和放热两个阶段，具体如下：

（1）集热/储热阶段：首先太阳光通过透明真空管外壁被玻璃真空管内壁光吸收层吸收并转换成为热能，然后把热能传递到真空管内部的相变储热材料进行存储。

（2）放热阶段：自来水经换热管的冷水端进入，在自来水压的作用下流经换热管最底部后通过另一侧管道返回，并通过换热管吸收存储于相变储热材料中的热量，实现冷水加热，并最终汇集于热水出水管以供使用。

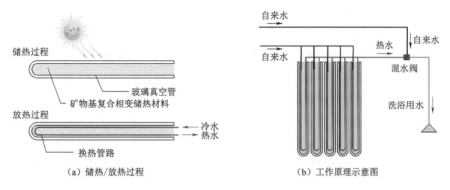

（a）储热/放热过程　　　　（b）工作原理示意图

图 8-1　无水箱太阳能热水器的工作原理

　　试制的试验样机，集热储热装置是由 4 根 $\phi 47$ 型真空管、矿物基复合相变储热材料、换热流通管以及支架组成。支架用于放置无水箱太阳能热水器的样机以起到固定作用。本项目试制的试验样机如图 8-2 所示。

图 8-2　自制无水箱太阳能热水器样机

8.1.2.2　参数计算

1. 热水参数的计算

　　在实际应用中，人们生活用水中对水量及水温均有一定的要求，以洗浴用水为例，根据设计规范《建筑给水排水设计规范》（GB 50015—2003）中相关规定，淋浴温度一般以 45℃ 最为合适，每小时用水量为 140～300L。计算中，取自来水的平均温度为 20℃，淋浴温度为 45℃，洗浴一次用水量为 30L，则每人每天洗浴耗热量为

$$Q = c\rho V(T_{end} - T_0) = 4.2 \times 10^3 \times 1 \times 30 \times (45 - 20) = 3.15 \times 10^6 J = 3.15 MJ$$

$$(8-1)$$

式中　c——水定压比热容，$4.2 \times 10^3 J/(kg \cdot ℃)$；

　　　ρ——热水密度，$1.0 \times 10^3 kg/m^3$；

　　　Q——人均日用水耗热量，MJ；

　　　V——额定日用水量，L；

　　　T_{end}——淋浴时热水温度，℃；

T_0——自来水平均温度，℃。

2. 集热面积的计算

根据国家现行标准《太阳能热水系统设计、安装及工程验收技术规范》（GB/T 18713—2002）规定，直接式太阳能热水系统的集热器面积可以根据生活实际，按照以下公式进行计算

$$A_c = \frac{Q_w C_w (T_{end} - T_0) f}{J_T \eta_{cd} (1 - \eta_L)} = \frac{120 \times 4.2 \times (45 - 20) \times 0.5}{13000 \times 0.5 \times (1 - 0.1)} = 1.07 (\text{m}^2) \quad (8 - 2)$$

式中 A_c——直接系统集热器总面积，m^2；

Q_w——日均用水量，kg；

C_w——水的定压比热容，kJ/(kg·℃)；

T_{end}——居民用热水温度，℃；

T_0——水的初始温度，℃；

J_T——当地集热器采光面上的年平均日太阳辐照量，kJ/m^2；

f——太阳能保证率，取 0.5；

η_{cd}——集热器的年平均集热效率，根据经验取值宜为 0.25~0.50；

η_L——储水箱和管路的热损失率，取值宜为 0.20~0.30，由于本热水系统中无储水箱，保温效果好，即 $\eta_L = 0.1$ 计算。

在试验样机设计中使用的 $\phi 47$ 型真空管性能参数见表 8-1。单根集热管的有效集热面积 $A_0 = 1.5 \times 0.037 = 0.056 (\text{m}^2)$，因此在满足集热面积的情况之下，需要 19 根 $\varphi 47$ 型真空集热管。

表 8-1 $\phi 47$ 型真空集热管性能参数

型　号	重量 /kg	外管直径 /mm	内管直径 /mm	长度 /mm	外管透射率	吸收率	发射率
HQB-1500	1.62	47	37	1500	0.91	0.3	0.06

3. 储热材料的计算

根据用水量以及居民洗浴温度计算储热材料用量。由式（8-1）计算淋浴一次需热量为 3.15MJ，假设热量全部由硬脂酸相变材料存储，则所需硬脂酸用量为

$$M_{SA} = \frac{Q_1}{C_{p.s}(T_m - T_0) + r + C_{p.l}(T_e - T_m)} \quad (8 - 3)$$

$$= \frac{3.15 \times 10^3}{2.065 \times (53 - 20) + 203.1 + 2.610 \times (75 - 53)} = 9.58 (\text{kg})$$

式中 M_{SA}——储热介质质量，kg；

$C_{p.s}$——固相比热容，kJ/(kg·℃)；

$C_{p.l}$——液相比热容，kJ/(kg·℃)；

T_0——储热介质的初始温度,℃;

T_m——储热介质的相变温度,℃;

T_e——储热介质储热的终始温度,℃。

若该热量以矿物基复合相变储热材料存储大致需要 13.92kg,经测得复合相变储热材料密度为 0.78g/cm³。若每淋浴一次的热量均来自 19 根真空集热管,则单根集热管矿物基复合材料的用量为 0.73kg,体积约为 0.94L,φ47 型真空集热管除去真空管内部换热管体积之后的实际容积为 2.04L,相变材料占真空管的总体积为

$$\eta_{PCM} = \frac{0.94L}{2.04L} \times 100\% = 46.08\%$$

因此,当 φ47 型真空管内矿物基相变储热材料体积填充率为 46.08% 时,能满足一个人正常洗浴要求。

8.1.2.3 性能测试与分析

1. 测试方法

根据需求,对自制样机中的集热管内部填埋温度传感节点并搭建实验平台。开口端采用承压硅胶管连接。实验装置的搭建主要过程为:

(1) 将温度传感器用金属丝固定于螺旋管中部,并避免感温元件与铜管和真空管内壁接触以防影响所测数值。

(2) 将制备好的熔融态矿物基复合相变储热材料缓慢注入已放好换热管的真空管中,由于复合相变储热材料冷却较快,需要少量多次地重复该过程,最终将整根储热棒整体填充于真空集热管内部并封装好。

相变储热材料温度及换热管出水端温度分别记录;所用到的测温装置为:K 型热电偶,测量范围 −50~200℃,数据记录间隔 1s,精度 ± 0.1℃。

试验地点为长沙市 (28°11′49″N,112°58′42″E),测试时间为 2018 年 6 月 11 日,室外温度范围为 22~32℃。在试验阶段,先将真空管管内部的热量最大程度的换出,从8:00 到 18:00 放置于屋面采集太阳辐射,并按照样机设计规格以及相关标准,确定从冷水端以 0.005kg/s 的流量通水,在热水端进行温度测量,数据每 1s 采集一次。

2. 结果分析及讨论

(1) 单管储热材料放热测试结果与分析。实测单管数据曲线,如图 8−3 所示。观察单根集热储热真空管放热阶段换热管内相变储热材料温度变化情况,

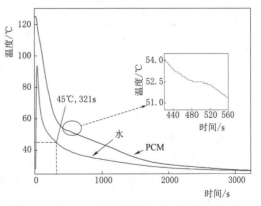

图 8−3 实测单管数据曲线
(长沙,2018 年 6 月 11 日)

管内相变储热材料在经过一整天的吸热后，观测点的温度超过 125℃，高于其相变温度；放热过程大致以 482～500s 为节点分为两个阶段（在 482～500s 温度恒定为测点附近材料的放热平台）：①0～482s，相变材料储热量大，温度高于相变温度且远高于正常水温，随着材料的降温与相变凝固，显热与潜热的剧烈释放，温降明显；②500s 以后结束，随着稳定流量的水将热量吸收走，相变材料逐渐完成凝固，此时相变材料中热量主要以显热形式存在，故温度变化较为平缓。相变材料与水的温差大小以及相变材料中热量的主要存储形式是两个阶段温度变化趋势存在差异的主要原因。

观察单根集热/储热真空管放热阶段换热管出水端温度变化情况，如图 8-4 所示，热水管出水口温度先呈上升后逐渐下降的趋势。在放热的最初 40s 内，冷水吸收复合相变储热材料的显热，水温由初始温 26.1℃ 迅速上升到最高 93.7℃，而之后温度逐渐下降；在 30～100s，出水温度下降较快，这是因为这段时间内真空管内部储热材料的平均温度比换热管内水的平均温度高得多，传热速率较快；在 100s 到 600s 内，出水平均温度下降趋势有所减缓，这是因为这阶段相变储热材料具有较大潜热，且与水的温差有所减小；而 600s 以后出水温度变化速率接近平缓，这是因为这段时间内水温主要是靠换热铜管周边相变储热材料的显热以及铜管外周的相变储热材料热量维持。

（2）多管储热材料储放热测试结果与分析。为进一步评估储热与放热过程中不同储热材料的温度变化情况，利用性能评估实验平台，分别装填 SA/EG_{10}、SA/EG_6、SA/EG_2 和 SA 的四根真空管，进行储热与放热测试。

测试结果如图 8-4 所示，储热开始时，硬脂酸和复合相变储热材料的起始温度都稳定在 35℃。随着时间推移，硬脂酸和复合相变储热材料的温度逐渐升高，此阶段相变储热材料吸热，发生固-液相变。SA/EG_{10}、SA/EG_6、SA/EG_2 和 SA，分别用时 2177s、2990s、7375s 和 8150s 结束相变。相比于硬脂酸，SA/EG_{10}、SA/EG_6、SA/EG_2 的储热时间分别降低了 72.3%、63.3% 和 15.7%。结果表明，复合材料的储热速率明显快于纯的硬脂酸。放热过程中，结束相变阶段的材料先后为 SA/EG_{10}、SA/EG_6、SA/EG_2 和 SA，材料降温到 35℃ 所用时间分别为 1014s、876s、1164s 和 3482s。相比于硬脂酸，SA/EG_{10}、SA/EG_6、SA/EG_2 的放热时间明显减少，表明复合相变储热材料的放热速率明显快于硬脂酸。

对比硬脂酸与复合相变储热材料的储放热温度变化曲线，加入膨胀石墨后，硬脂酸的储热和放热速率明显提高，且膨胀石墨添加量越多，复合相变储热材料的储热和放热速率提升越多；由于储放/放热速率的提升与储热容量和导热系数相关，膨胀石墨的添加一方面提升储热和放热速率，但同时也降低了储热容量，致使储热和放热速率进一步提升。

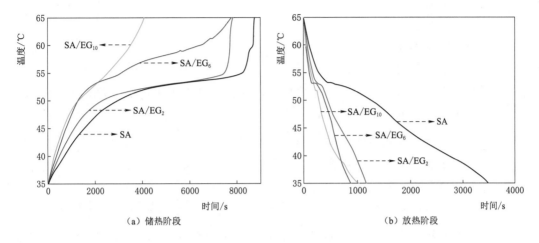

（a）储热阶段　　　　　　　　　　　　（b）放热阶段

图 8-4　不同相变储热材料的温度—时间曲线

8.2　基于昼夜温差的相变储热式咸水淡化技术

8.2.1　研究背景及意义

我国是一个严重缺水的国家，人均占有水资源量约 $2400m^3$，仅为全球人均水量的 1/4，而且时空分布不均匀，水环境污染较严重，尤其是西北干旱地区，由于降水稀少，蒸发强烈，水资源天然匮乏，作为主要供水水源的地下水，普遍含盐、含氟量高。利用太阳能进行咸水淡化对解决污染水淡化、海岛淡水资源短缺、偏远且电力资源不可到达的缺水地区的咸水淡化具有重要的意义[196]。与常规反渗透膜法、离子交换法等以电力与燃料为能源支撑的技术相比，利用太阳辐射进行光热转化蒸馏淡化咸水的技术具有不消耗化石能源、低耗无污染的优势，且运行过程安全可靠，经济效益高，适应性强，是一种可持续发展的咸水淡化方式[197]。

太阳能蒸馏器作为太阳能光热转化海水淡化装置结构简单、取材方便、不需要常规能源、设备投资较低等优点十分适合于解决海上孤岛、海上航行、捕捞渔船、沙漠散户等这些特定场地淡水饮用的问题[198]，还可以通过结合船舶动力装置的废热获得所需求的淡水资源。但是目前研制的太阳能蒸馏咸水淡化装置只能在白天光照时产水，夜晚则无法运行工作，而且存在运行温度低、产水量不高、太阳能利用效率较低等弊端，不利于其在工程实际中的广泛应用，而基于昼夜温差的相变储热式咸水淡化技术可以作为太阳能蒸馏法的有效补充。

8.2.2 应用实例

8.2.2.1 设计理念与结构

设计的基于昼夜温差的相变储热式咸水淡化技术，使用高导热石墨烯—泡沫铜/熔融盐复合相变储热材料作为相变储热材料，能够提升太阳辐射吸收量，加快热量交换，提高咸水淡化效率，突出点在于：

（1）夜晚运行，高效节能。基于昼夜温差的相变储热式咸水淡化技术，主要利用白天存储的太阳能，夜晚时将存储的热量释放出来加热咸水，产生水蒸气，并利用夜间外界低温环境迅速冷凝水蒸气，进而实现咸水高效淡化。

（2）高储热容量，高储放热速率。相变储热单元采用高导热性的复合相变储热材料，具有大的储热容量，且储热放热速率较高，可以快速地将咸水加热到较高的温度，且可多次循环使用，结构简单、无需防冻、易维护。

（3）蒸馏结构简单，蒸馏面积大，淡水收集方便。蒸馏单元由外圆管和内半圆槽组成，外圆管有较大的冷凝面积，有利于提高蒸发效果，可以大量淡化咸水且淡水直接汇集在圆管底部，淡水收集非常简单方便。设计的结构如图8-5所示。

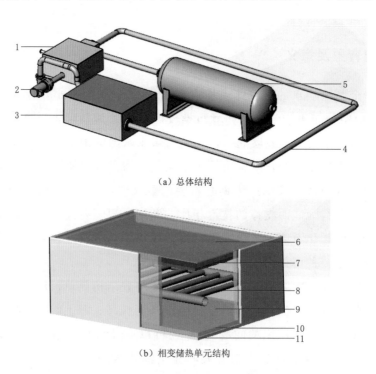

（a）总体结构

（b）相变储热单元结构

图8-5 相变储热式咸水淡化设备结构示意图

1—补水单元；2—泵；3—相变储热单元；4—蒸馏单元；5—储水单元；
6—玻璃盖板；7—吸热板；8—铜管；9—空腔；10—保温泡沫；11—外壳

8.2.2.2 理论计算

1. 复合相变储热材料储热密度分析

相变储热材料的储热密度分为潜热部分和显热部分，复合相变储热材料的储热密度则还需考虑骨架材料的显热部分及各组分所占重量分数，相变储热材料由 T_1 加热到 T_2，中间经过相变温度 T_f，具体计算为[199]

$$Q = (1-m)\int_{T_1}^{T_2} C_{p,m} dt + m\left(\int_{T_1}^{T_f} C_{p,s} dt + \Delta h_m + \int_{T_f}^{T_2} C_{p,l} dt\right) \tag{8-4}$$

式中　Q——复合相变储热材料储热密度，J/g；

m——复合相变储热材料中相变材料的质量分数；

T_1——复合相变储热材料使用温度下限，℃；

T_2——复合相变储热材料使用温度上限，℃；

T_f——相变储热材料相变温度，℃；

$C_{p,m}$——金属材料固态定压比热容，J/(g·K)；

$C_{p,s}$——相变储热材料固态定压比热容，J/(g·K)；

$C_{p,l}$——相变储热材料液态定压比热容，J/(g·K)；

Δh_m——相变储热材料相变潜热，J/g。

当 $T_1=30℃$，$T_2=150℃$，$T_f=133℃$ 时，可得 $Q=274.6$ J/g，复合相变储热材料共 121.6kg，则可得储热容量为 3.3×10^4 kJ。湖南地区太阳平均日辐照量约为 1.4×10^4 kJ/m²，则相变储热装置一天可获得最大能量为 0.7×10^4 kJ，所以需要增设定日镜等装置将太阳光线反射到相变储热装置上[200]。

2. 汽化热分析

当液体物质变成气体时，称为汽化。汽化过程需要能量的增加，以使液体粒子克服分子间的吸引力和汽化，所需的能量称为汽化热。所有物质的汽化热是不同的，但对于每种物质都是常数，汽化热公式[201] 为

$$H_v = \frac{q}{m} \tag{8-5}$$

式中　H_v——汽化热；

q——质量；

m——热量。

水的汽化热是 2257J/g，假若 3.3×10^4 kJ 的热量都能被利用，可以蒸发 14.6kg 的水。

3. 横管表面自然对流换热系数分析

由文献 [202] 可得自然对流换热系数为

$$\alpha = N_u \frac{\lambda}{d} \tag{8-6}$$

$$N_u = 0.48(G_r P_r)^{\frac{1}{4}} \qquad\qquad (8-7)$$

$$G_r = \frac{g\beta\Delta t d^3}{\gamma^2} \qquad\qquad (8-8)$$

式中　α——自然对流换热系数，W/(m·K)；

　　　λ——空气的热传导系数，W/(m·K)；

　　　d——特征几何尺寸，m；

　　　β——空气的热膨胀系数；

　　　γ——空气的运动黏度；

　　　Δt——温差，℃；

　　　G_r——格拉晓夫数。

$P_r = 0.701$，经计算，$\alpha = 3.73\text{W}/(\text{m·K})$。

4. 产水量计算

单位蒸发面积的蒸发速率为[203]

$$m_e = h_m(\rho_w - \rho_g) = \frac{\alpha}{\rho c_{pa-w} Le^{0.74}} \frac{M_w}{R_M}\left(\frac{p_w}{T_w} - \frac{p_g}{T_g}\right) \qquad (8-9)$$

式中　M_w——水蒸气的摩尔质量，g/mol；

　　　R_M——通用气体常数；

　　　ρ——在蒸发面和凝结面的平均温度下空气的密度，kg/m³；

ρ_w, ρ_g——对应蒸发面和冷凝面状态的水蒸气密度，可由理想气体状态方程确定，kg/m³；

　　c_{pa-w}——湿空气在平均温度下的定义比热容；

　　　Le——路易斯数；

　　　T_w——蒸发面温度，℃；

　　　T_g——冷凝面温度，℃；

　　　p_w——蒸发面气压，Pa；

　　　p_g——冷凝面气压，Pa。

当 $T_w = 80℃$，$T_g = 30℃$ 时，经计算 $m_e = 22.3\text{kg/h}$。

与传统太阳能蒸馏器的单位面积蒸发速度（1.27~2.2kg/h）相比较：本技术产水速度提高了 10~17 倍。

8.2.2.3　效益分析

1. 节能减排效益分析

100℃水的汽化热为 $2.257\times10^3\text{kJ/kg}$，若按电力加热水成蒸气再冷凝成水所需的电量 Q 为

$$Q = 2.257\times10^3\text{kJ/kg}\times14.6\text{kg} = 3.3\times10^4\text{kJ} = 91.53\text{kW·h}$$

则使用本技术单套系统一年可以节约电量 $3.3×10^4 kW·h$。根据专家统计：每节约 $1kW·h$ 电能，就相应节约了 $0.328kg$ 标准煤，同时减少排放 $3.3×10^4 kg$ 碳粉尘、$0.997kg$ 二氧化碳、$0.03kg$ 二氧化硫、$0.015kg$ 氮氧化物。那么该装置一年可以减少排放 $0.89×10^4 kg$ 碳粉尘、$3.3×10^4 kg$ 二氧化碳、$9.9×10^2 kg$ 二氧化硫、$4.5×10^2 kg$ 氮氧化物。由此可见，该太阳能咸水淡化装置的使用，可从很大程度上减少人类用传统方式对咸水淡化的耗能，具有较好的节能减排效益。

2. 经济效益分析

（1）成本预算。本技术具有显著的节能环保效益，此外也具有良好的经济效益，满足含盐、含氟量高干旱的内陆地区及降水稀少、蒸发强烈、水资源天然匮乏的地区的咸水淡化。太阳能咸水淡化技术对解决淡水资源短缺以及夜晚的淡水需求，借助自然能源即可完成相关应急所需，故从长远来看基于昼夜温差的相变储热式咸水淡化技术具有一定应用潜力。经成本估算得出基于昼夜温差的相变储热式咸水淡化技术系统造价成本，见表 8-2，使用该技术单套系统的成本约 3755 元，折算至单位吸热面积成本约为 7510 元。

表 8-2　　　基于昼夜温差的相变储热式咸水淡化技术系统造价成本

类　　型	规　　格	单价	数量	材料造价成本/元
不锈钢	304	13000 元/t	90kg	1170
泵	—	800 元/台	1 台	800
超白平板玻璃	透光率 98%	150 元//m²	0.5m²	75
铜管	直径 40mm，60mm	120 元/m	3m	360
酚醛保温泡沫	50mm	1200 元/m³	0.1m³	120
石墨烯防腐涂料	—	250 元/L	0.5L	125
泡沫铜	10mm 厚；98%孔隙率	0.05 元/cm³	0.01m³	500
$LiNO_3 - KNO_3$	34~66 配比	5000 元/t	121.08kg	605
总　　价				3755

（2）对比分析。与传统太阳能海水淡化法相比，基于昼夜温差的相变储热式咸水淡化技术产水效率提高了 10~17 倍；与反渗透法及低温多效蒸馏法相比（表 8-3），本技术的初期投资成本相对较低，单位制水成本低，同时其具有运行寿命长久，安全绿色环保的特点。

采用基于昼夜温差的相变储热式咸水淡化技术，具有良好的经济效益和应急效益；研发的技术具有分散性、成本低的优势，可分布式为咸水地区散户居民等提供制水便利，同时通过集成若干套该系统并形成规模。

表 8－3 太阳能海水淡化法、低温多效蒸馏法和反渗透法与

本技术系统设备经济效益对比表[204]

类　型	太阳能海水淡化法	低温多效蒸馏法	反渗透法	本技术
前期设备造价	2200～2500 元/m²	—	9000 万	7510 元/m²
后期制水成本	1.2～1.5 元/t	4.5～5.7 元/t	4.2～5.4 元/t	＜1.2 元/t
制水耗电量	无	1.2kW·h/m³	4kW·h/m³	＜1.0kW·h/m³
维护费用	＜100 元/(m²/年)	较高	高	＜50 元/(m²/年)
水质情况	5ppm	5ppm	200～500ppm	5ppm
建设周期	3～6 个月	6～18 个月	3～12 个月	＜3 个月
环境污染	无	低	高	无

8.3 储热矿物材料电—热转换与存储应用技术

8.3.1 研究背景与意义

为实现碳达峰与碳中和，我国大力发展清洁能源与节能环保技术，其中太阳能、风能等清洁能源发电技术发展迅速，装机容量逐年增加。然而，清洁能源具有显著的波动性与时空分布不均匀性，发电量峰值时间与用电峰值时间不匹配，部分发电站选择关停机组以降低运维成本，尤其在西北地区，清洁能源丰富但用电需求小，加剧了弃风、弃光问题，导致资源的严重浪费与资金的巨额损失。如何将富余的发电量进行有效储存或利用对于改善弃风、弃光现象，促进可再生能源技术研究与发展具有重要意义。

利用相变储热材料潜热容量大、储热温度稳定的特点，通过电流的焦耳效应，将电能在相变储热材料中转换为热能再进行储存与进一步应用的电能应用方式具有储热容量大、装置简单、易于实施、投资成本低、可进行热量输运等特点，十分适合解决大容量的电能转换与储存问题。目前已知的电—热转换与存储材料存在成本较高、转换效率较低的问题，结合矿物材料特有的矿物特性可改善相变材料低导热、易泄漏等问题，并对相变储热材料的电—热转换性能和储热特性进行调控，进一步发展储热矿物材料的电—热转换与储存技术，可为制备高性能、低成本、安全可靠的电—热转换与储存装置提供参考。

8.3.2 应用实例

8.3.2.1 电—热转换性能测试平台设计与实施

针对相变储热材料应用于电—热转换的情景，设计并搭建了电—热转换性能测试

平台（图 8-6），用以开展复合相变储热材料的电—热转换应用测试。实验装置由恒压电源、材料模具、记录仪等组成。一定量复合相变储热材料被装填于指定的模具中，电极为两片紧贴材料两侧面的铜箔，恒压电源通过导线与铜箔相连，当恒压电源输出指定电压时，通过导线、铜箔、复合相变储热材料形成电流回路，并在通过复合相变储热材料时发生焦耳效应，电流做功产生焦耳热使复合相变储热材料实现储热过程。回路电流与复合相变储热材料温度由无纸记录仪监测记录。

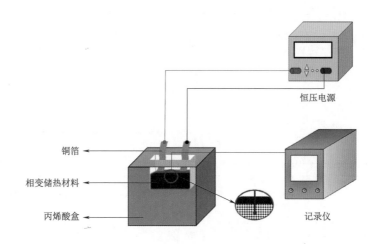

图 8-6 电—热转换性能测试装置示意图

8.3.2.2 电—热转换测试结果与分析

利用电—热转换实验平台，对比不同的膨胀石墨/正二十烷复合相变储热材料和多层石墨烯/正二十烷复合相变储热材料的电—热转换效率，评价其电—热转换性能[159]。电—热转换实验开始后，以恒定电压给样品通电，持续 480s 后，切断电路后使样品自然冷却。通过计算试样在相变阶段吸收的热量（潜热）与所消耗电能的比值，可得出样品在设置电压下的电—热转换效率 η，计算公式[205-206] 为

$$\eta = \frac{m \Delta H}{U I (t_1 - t_0)} \tag{8-10}$$

式中 m——试样的质量，g；

U——电压值，V；

I——电流值，mA；

t_0、t_1——试样开始相变和结束相变的时间，s。

图 8-7 为多层石墨烯/正二十烷复合相变储热材料的电—热实验结果[159]。经万用电表测量，C20/MLG$_{15}$ 试样的平均电阻为千欧姆级，因此在 1.9V 电压样品温度几乎无变化。由图 8-7 (c) 可知，当电压由 1.7V 升高至 1.9V 时，C20/MLG$_{30}$ 试样仅升温速率增大，均未出现相变平台，表明试样的电阻较大，该范围电压下电—热转换

性能较差。$C20/MLG_{45}$ 试样在相同电压范围下表现了较好的电—热转换性能［图 8-7（d）］；当电压为 1.7V、1.8V 和 1.9V 时，$C20/MLG_{45}$ 分别在 288s，224s 和 177s 时完成熔化，结束通电时，样品温度分别为 41.0℃，42.8℃ 和 44.6℃。当恒压电源设置为 1.9V 时［图 8-7（a）］，通过 $C20/MLG_{15}$、$C20/MLG_{30}$ 和 $C20/MLG_{45}$ 试样的平均电流依次为 394.7mA、420.7mA 和 467.1mA，表明随着 C20 的减少，复合相变储热材料的电阻逐渐减小。

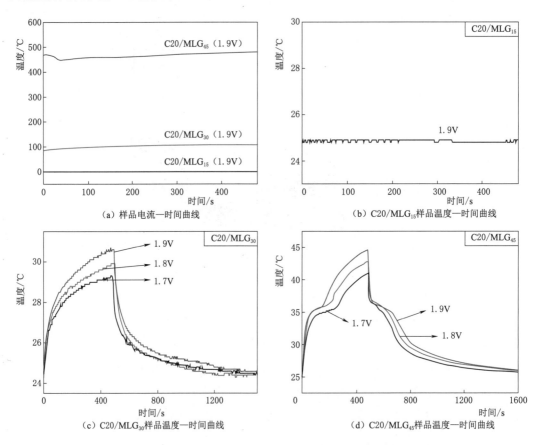

图 8-7　多层石墨烯/正二十烷复合相变储热材料的电—热实验结果

图 8-8 为膨胀石墨/正二十烷复合材料的电—热实验结果[158]。由图 8-8（b）～图 8-8（d）可知，初始通电时，三个试样温度均迅速升高，$C20/EG_{15}$ 和 $C20/EG_{30}$ 在 34～36℃ 间出现相变平台，表示 C20 的熔融相变过程；而 $C20/EG_{45}$ 由于 C20 含量较少，储热量低，温度曲线上无明显相变平台出现。当电压为 1.9V、2.0V 和 2.1V 时，$C20/EG_{15}$ 分别在 437s、328s 和 258s 时完成熔化，表明提升电压可大幅缩短储热时间；相比于 $C20/EG_{15}$，试样 $C20/EG_{30}$ 的相变平台较短，且结束通电时试样的温度明显低于相应电压下 $C20/EG_{15}$ 的温度，这是由于电流较小的缘故。当恒压电源设置为 1.9V 时［图 8-8（d）］，通过 $C20/EG_{15}$、$C20/EG_{30}$ 和 $C20/EG_{45}$ 试样的平均电流依

次为 379.7mA、324.7mA 和 229.8mA，表明随着 C20 含量的减少，试样的平均电阻增大。这种与 C20/MLG 复合相变储热材料的电阻趋势相反的现象，可能是由于石墨烯的片层结构与膨胀石墨的孔隙结构的差异，膨胀石墨的网状孔隙结构更易于传导电流，当负载大量低导电性 C20 时仍具有较好的导电能力，而膨胀石墨含量过多时大量的空孔会对电流产生更大的阻碍作用，不利于电—热转换。

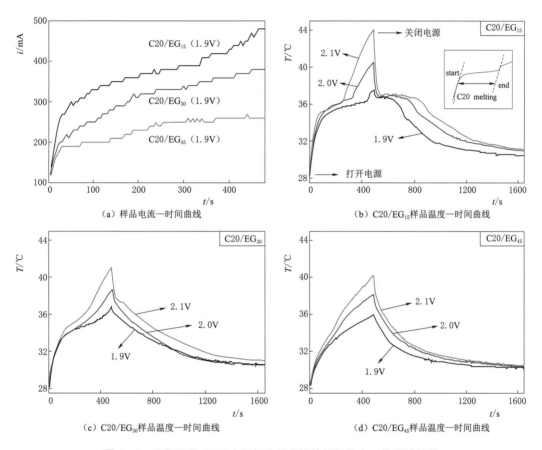

（a）样品电流—时间曲线   （b）C20/EG₁₅样品温度—时间曲线

（c）C20/EG₃₀样品温度—时间曲线   （d）C20/EG₄₅样品温度—时间曲线

图 8-8   膨胀石墨/正二十烷复合相变储热材料的电—热实验结果

试样 C20/EG₁₅、C20/EG₃₀ 和 C20/MLG₄₅ 的电—热转换性能及相关参数见表 8-4。其中，试样 C20/EG₁₅ 在 1.9V、2.0V 和 2.1V 下电—热转换效率分别为 54.5%、58.4% 和 65.7%，C20/EG₃₀ 在 1.9V、2.0V 和 2.1V 下的电—热转换效率分别为 38.3%、41.7% 和 42.9%，因此 C20/EG₁₅ 比 C20/EG₃₀ 具有更好的电—热转换性能。试样 C20/MLG₄₅ 在 1.9 V、2.0 V 和 2.1 V 下电—热转换效率分别为 50.4%、54.1% 和 59.9%，略低于 C20/EG₁₅。可见，随着电压的增大，样品平均电流增加，相应地，样品所用相变时间缩短，电—热转换效率有所提升。综合考虑储热容量、材料成本和转换效率，具有更多储热介质的 C20/EG₁₅ 在 1.9V 下电—热转换效率仅略低于 C20/MLG₄₅，且购入多层石墨烯的成本高于膨胀石墨，因此 C20/EG₁₅ 是更具有潜力的电—热转换储热材料。

表 8 - 4 样品的电—热转换实验结果

样品	样品质量/g	电压/V	平均电流/mA	相变开始时间/s	相变结束时间/s	电-热转换效率/%
C20/EG₁₅	0.761	1.9	379.7	65	451	54.5%
		2.0	465.5	57	336	58.4%
		2.1	513.9	48	262	65.7%
C20/EG₃₀	0.433	1.9	324.7	115	415	38.3%
		2.0	373.9	120	347	41.7%
		2.1	403.2	98	293	42.9%
C20/MLG₄₅	0.537	1.7	394.7	71	288	50.4%
		1.8	420.7	45	224	54.1%
		1.9	467.1	39	177	59.9%

8.4 储热矿物材料电池热管理应用技术

8.4.1 研究背景及意义

电池的电化学性能和可靠性等都受到温度的显著影响,锂离子电池更是如此。一方面,动力电池对电动汽车的续航能力和经济性能有很大的影响;另一方面,目前所应用的锂离子电池存在燃烧和爆炸的安全隐患。因此,解决电池的安全问题已成为当务之急。研究电芯、模块和电池系统的产热和吸热行为,以及动力电池在不同温度下的性能,设计出合理的可用的动力电池热管理系统,对推动电动汽车的大规模使用具有重要意义。无论从节能减排出发,还是以提高电动汽车的续航里程为目的,传统的以水、空气为冷却工质的热管理系统都存在一定局限性,而基于相变储热材料的电池热管理系统可望得到使用。

目前,研究者们设计了基于 PCM/泡沫铝[207]、PCM/泡沫铜[208]、PCM/膨胀石墨[209]、PCM/微管[210] 等动力电池热管理系统。其中,基于矿物的复合相变储热材料由于其低制备成本、形态稳定、体积小、储热放热效率高而受到青睐[211]。

锂离子电池组用于电动汽车的安全性和耐久性受到工作温度的限制,特别是在高温区时,因此对电池组模块的热管理系统是必不可少的。Alrashdan A 等[212] 制备了锂离子电池热管理模块,由石蜡和石墨制成复合相变储热材料;研究了所制备的复合相变储热材料的热机械性能;试验包括热导率试验、拉伸压缩试验和爆破试验;结果表明:随着石蜡在复合相变储热材料中质量分数的增加,复合相变储热材料在低温下测试时，材料的导热系数、拉伸强度、压缩强度和爆裂强度都有所提高；相反，当在相对较高的工作温度下进行测试时，显示出相反的特性。Safdari 等[213] 研究了以相变储热材料为被动式、空气冷却液为主动冷却系统的混合动力电池热管理系统（BT-MS）的三种不同结构。电池周围的相变储热被封装在三个体积相等但不同横截面的容器中，分别为圆形、矩形和六角形。每个热管理模块都由 12 个 Sony 18650 电池组成；研究了电池组在不同充放电速率下的热管理效果；利用潜热作为被动式冷却是电池热管理中的一个优点，结果表明圆形相变储热材料的结构最佳，但是在高充放电速率的情况下，矩形周围均匀的风道比其他布置方式更能有效地冷却高温电池组。

8.4.2 应用实例

将锂离子电池四周包裹在 3mm 的 SA/EG 中后放入隔热盒中。锂离子电池通过直流电子负载仪以 14 倍的放电速率放电。两个 T 形热电偶分别连接在电池表面和 SA/EG 的外表面，由数据采集仪采集温度数据。电池表面温度曲线和 SA/EG 的外表面温度曲线如图 8-9 所示。无 SA/EG 的电池表面温度曲线记录为 T_1。有 SA/EG 包裹的电池表面温度曲线记录为 T_2。SA/EG 的外表面温度记录为 T_3。可见，无 SA/EG 的电池表面温度几乎呈线性快速上升。138 s 时，无 SA/EG 的电池表面温度上升到 65.7℃，电池放电实验因温度超过安全温度限值（60℃）而终止。有 SA/EG 包裹的

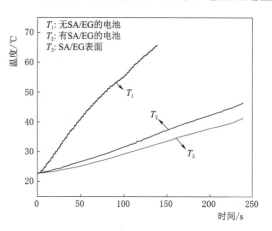

图 8-9 电池表面温度曲线和 SA/EG
的外表面温度曲线

电池的表面温度增长速度仅为无 SA/EG 包裹的电池的 1/3。138s 时，无 SA/EG 电池与有 SA/EG 包裹的电池表面温差达到 29.8℃，说明 SA/EG 对电池具有良好的冷却效果。结果表明，SA/EG 对锂离子电池的热管理有较好的效果。

参　考　文　献

［1］ 钟银燕，新能源储能技术方兴未艾 [N]. 中国能源报，2013 - 10 - 14.

［2］ 杨霖霖，廖文俊，苏青，王子健. 全钒液流电池技术发展现状 [J]. 储能科学与技术，2013，2 (2)：140 - 145.

［3］ 袁越，曹阳，傅质馨，解翔，郭思琪. 微电网的节能减排效益评估及其运行优化 [J]. 电网技术，2012，36 (8)：12 - 18.

［4］ 凌浩恕，何京东，徐玉杰，王亮，陈海生. 清洁供暖储热技术现状与趋势 [J]. 储能科学与技术，2020，9 (3)：861 - 868.

［5］ 贺鹏，罗宏超，杨林. 促进风电消纳的风热联营电能替代模式效益分析 [J]. 山西电力，2018，(5)：1 - 7.

［6］ 吕泉，刘永成，刘乐，于海丹，王海霞，刘娆. 两种风电供热模式的节煤效果比较 [J]. 电力系统自动化，2019，43 (4)：49 - 59.

［7］ 李海臣，余龙飞，董小改，赵旭. 内蒙古四子王旗风电供热工程介绍 [J]. 风能，2014，(9)：70 - 72.

［8］ 王宏，魏晓强，李兵. 考虑风电协议外送的调峰型电采暖虚拟电厂优化配置方法 [J]. 电力系统保护与控制，2021，49 (19)：135 - 144.

［9］ 李佳佳，胡林献. 基于二级热网电锅炉调峰的消纳弃风方案研究 [J]. 电网技术，2015，39 (11)：3286 - 3291.

［10］ T. S. Ge, R. Z. Wang, Z. Y. Xu, Q. W. Pan, S. Du, X. M. Chen, T. Ma, X. N. Wu, X. L. Sun, J. F. Chen. Solar heating and cooling: Present and future development [J]. Renewable Energy, 2018, 126: 1126 - 1140.

［11］ M. N. Fisch, M. Guigas, J. O. Dalenbäck. A review of large - scale solar heating systems in Europe [J]. Solar Energy, 1998, 63: 355 - 366.

［12］ J. Xu, R. Z. Wang, Y. Li. A review of available technologies for seasonal thermal energy storage [J]. Solar Energy, 2014, 103: 610 - 638.

［13］ D. L. Zhao, Y. Li, Y. J. Dai, R. Z. Wang. Optimal study of a solar air heating system with pebble bed energy storage [J]. Energy Conversion and Management, 2011, 52 (6): 2392 - 2400.

［14］ J. Hirschey, K. R. Gluesenkamp, A. Mallow, S. Graham In *Review of Inorganic Salt Hydrates with Phase Change Temperature in Range of* 5℃ *to* 60℃ *and Material Cost Comparison with Common Waxes*, United States, 2018 - 07 - 01, 2018; United States, 2018.

［15］ X. Bao, H. Yang, X. Xu, T. Xu, H. Cui, W. Tang, G. Sang, W. H. Fung. Development of a stable inorganic phase change material for thermal energy storage in buildings [J]. Solar Energy Materials and Solar Cells, 2020, 208: 110420.

［16］ W. Chen, X. Liang, S. Wang, Y. Ding, X. Gao, Z. Zhang, Y. Fang. SiO$_2$ hydrophilic modification of expanded graphite to fabricate form - stable ternary nitrate composite room temperature phase change material for thermal energy storage [J]. Chemical Engineering Journal, 2021, 413: 127549.

[17] Y. Chen，H. Wang，Z. You，N. Hossiney. Application of phase change material in asphalt mixture - A review [J]. Construction and Building Materials，2020，263：120219.

[18] T. Wada，F. Kimura，R. Yamamoto. Studies on Salt Hydrate for Latent Heat Storage，II. Eutectic Mixture of Pseudo - binary System $CH_3CO_2Na \cdot 3H_2O - CO (NH_2)_2$ [J]. Bulletin of the Chemical Society of Japan，1983，56 (4)：1223 - 1226.

[19] 戴远哲，唐波，李旭飞，张振宇. 相变蓄热材料研究进展 [J]. 化学通报，2019，82 (8)：717 - 724，730.

[20] S. Sonnick，L. Erlbeck，K. Schlachter，J. Strischakov，T. Mai，C. Mayer，K. Jakob，H. Nirschl，M. Rädle. Temperature stabilization using salt hydrate storage system to achieve thermal comfort in prefabricated wooden houses [J]. Energy and Buildings，2018，164：48 - 60.

[21] 邹婷. 新型无机盐定型复合相变蓄冷材料的制备及性能 [D]. 广州：华南理工大学，2020.

[22] 方桂花，刘殿贺，张伟，虞启辉，谭心. 复合类相变蓄热材料的研究进展 [J]. 化工新型材料，2021，49 (6)：6 - 10.

[23] M. Kenisarin，K. Mahkamov. Salt hydrates as latent heat storage materials：Thermophysical properties and costs [J]. Solar Energy Materials and Solar Cells，2016，145：255 - 286.

[24] 侯婉靖，孔令娜，王萍，王晓东，管磊. 相变蓄热材料的节能分析 [J]. 能源与节能，2019 (4)：69 - 70.

[25] 王俊霞. 二元有机复合相变蓄热材料的制备及导热性能研究 [D]. 无锡：江南大学，2019.

[26] P. Zhao，Q. Yue，H. He，B. Gao，Y. Wang，Q. Li. Study on phase diagram of fatty acids mixtures to determine eutectic temperatures and the corresponding mixing proportions [J]. Applied Energy，2014，115：483 - 490.

[27] J. A. Lovera - Copa，S. Ushak，N. Reinaga，I. Villalobos，F. R. Martínez. Design of phase change materials based on salt hydrates for thermal energy storage in a range of 4 - 40℃ [J]. Journal of Thermal Analysis and Calorimetry，2020，139 (6)：3701 - 3710.

[28] J. - H. Li，J. - K. Zhou，S. - X. Huang. An investigation into the use of the eutectic mixture sodium acetate trihydrate - tartaric acid for latent heat storage [J]. Thermochimica Acta，1991，188 (1)：17 - 23.

[29] H. A. Zondag，R. de Boer，S. F. Smeding，J. van der Kamp. Performance analysis of industrial PCM heat storage lab prototype [J]. Journal of Energy Storage，2018，18：402 - 413.

[30] M. Alcoutlabi，G. B. McKenna. Effects of confinement on material behaviour at the nanometre size scale [J]. Journal of Physics：Condensed Matter，2005，17 (15)：R461 - R524.

[31] H. Gao，J. Wang，X. Chen，G. Wang，X. Huang，A. Li，W. Dong. Nanoconfinement effects on thermal properties of nanoporous shape - stabilized composite PCMs：A review [J]. Nano Energy，2018，53：769 - 797.

[32] H. M. Gu，X. Q. Zhu，Z. Y. Zhu，J. Hu，H. Y. Zhao，W. H. Li. Investigation and Development on Phase Transition Temperature Control and Adjustment of Inorganic Salt Hydrates [J]. Advanced Materials Research，2012，550 - 553：2644 - 2648.

[33] Q. Jiang，M. D. Ward. Crystallization under nanoscale confinement [J]. Chemical Society Reviews，2014，43 (7)：2066 - 2079.

[34] 徐家慧. 赤藻糖醇复合相变材料的制备及其储热性能研究 [D]. 大连：大连理工大学，2018.

[35] 蔡一凡. 复合水合盐相变材料的研制及其储放热过程中热物理现象的研究 [D]. 上海：上海交通大学，2019.

[36] 肖昌仁，朱胜天，张国庆，杨晓青. 功能高分子在相变蓄热材料中的应用研究进展 [J]. 功能高分子学报：1 - 16.

[37] S. Peng, J. Huang, T. Wang, P. Zhu. Effect of fumed silica additive on supercooling, thermal reliability and thermal stability of $Na_2HPO_4 \cdot 12H_2O$ as inorganic PCM [J]. Thermochimica Acta, 2019, 675: 1-8.

[38] C. -F. Gao, L. -P. Wang, Q. -F. Li, C. Wang, Z. -D. Nan, X. Z. Lan. Tuning thermal properties of latent heat storage material through confinement in porous media: The case of $(1-C_nH_{2n}+1NH_3)_2ZnCl_4$ (n=10 and 12) [J]. Solar Energy Materials and Solar Cells, 2014, 128: 221-230.

[39] X. Cao, N. Zhang, Y. Yuan, X. Luo. Thermal performance of triplex-tube latent heat storage exchanger: simultaneous heat storage and hot water supply via condensation heat recovery [J]. Renewable Energy, 2020, 157: 616-625.

[40] Y. Fang, Y. Ding, Y. Tang, X. Liang, C. Jin, S. Wang, X. Gao, Z. Zhang. Thermal properties enhancement and application of a novel sodium acetate trihydrate-formamide/expanded graphite shape-stabilized composite phase change material for electric radiant floor heating [J]. Applied Thermal Engineering, 2019, 150: 1177-1185.

[41] J. Huang, J. Dai, S. Peng, T. Wang, S. Hong. Modification on hydrated salt-based phase change composites with carbon fillers for electronic thermal management [J]. International Journal of Energy Research, 2019, 43 (8): 3550-3560.

[42] Y. Liu, K. Yu, X. Gao, M. Ren, M. Jia, Y. Yang. Enhanced thermal properties of hydrate salt/poly (acrylate sodium) copolymer hydrogel as form-stable phase change material via incorporation of hydroxyl carbon nanotubes [J]. Solar Energy Materials and Solar Cells, 2020, 208: 110387.

[43] H. Schmit, C. Rathgeber, P. Hoock, S. Hiebler. Critical review on measured phase transition enthalpies of salt hydrates in the context of solid-liquid phase change materials [J]. Thermochimica Acta, 2020, 683: 178477.

[44] Y. Wu, T. Wang. The dependence of phase change enthalpy on the pore structure and interfacial groups in hydrated salts/silica composites via sol-gel [J]. Journal of Colloid and Interface Science, 2015, 448: 100-105.

[45] S. Zhang, T. Hedtke, X. Zhou, M. Elimelech, J. -H. Kim. Environmental Applications of Engineered Materials with Nanoconfinement [J]. ACS ES&T Engineering, 2021, 1 (4): 706-724.

[46] 闫琛, 刘汉涛. 二维纳米片基复合相变储热材料研究进展 [J]. 无机盐工业: 1-14.

[47] A. Karthick, R. Pichandi, A. Ghosh, B. Stalin, R. Vignesh Kumar, I. Baranilingesan. Performance enhancement of copper indium diselenide photovoltaic module using inorganic phase change material [J]. Asia-Pacific Journal of Chemical Engineering, 2020, 15 (5): e2480: 1-11.

[48] E. M. Shchukina, M. Graham, Z. Zheng, D. G. Shchukin. Nanoencapsulation of phase change materials for advanced thermal energy storage systems [J]. Chemical Society Reviews, 2018, 47 (11): 4156-4175.

[49] W. Su, J. Darkwa, G. Kokogiannakis. Review of solid-liquid phase change materials and their encapsulation technologies [J]. Renewable and Sustainable Energy Reviews, 2015, 48: 373-391.

[50] 苏庆宗, 段建国, 许立鹏, 王锦荣, 王亚雄. 有机相变储能材料及强化传热研究进展 [J]. 化工新型材料, 2021, 49 (4): 21-25, 30.

[51] 陈久林, 段洋, 王志雄. 相变储热技术的研究现状及应用 [J]. 广东化工, 2020, 47 (2): 101-104, 110.

[52] 孙东, 荆晓磊. 相变储热研究进展及综述 [J]. 节能, 2019, 38 (4): 154-157.

[53] L. -S. Wong-Pinto, Y. Milian, S. Ushak. Progress on use of nanoparticles in salt hydrates as phase change materials [J]. Renewable and Sustainable Energy Reviews, 2020, 122: 109727.

[54] 袁梦迪. 定型膨胀石墨/赤藓糖醇中温复含相变储热材料研究 [D]. 北京: 华北电力大学, 2019.

[55] J. M. Munyalo, X. Zhang, Y. Li, Y. Chen, X. Xu. Latent heat of fusion prediction for nanofluid based phase change material [J]. Applied Thermal Engineering, 2018, 130: 1590 – 1597.

[56] S. Shaikh, K. Lafdi, K. Hallinan. Carbon nanoadditives to enhance latent energy storage of phase change materials [J]. Journal of applied physics, 2008, 103 (9): 094302.

[57] 何媚质, 杨俊玲, 杨鲁伟. 改性 CaCl$_2$ · 6H$_2$O 混合相变蓄热材料的制备与特性 [J]. 工程热物理学报, 2021, 42 (7): 1676 – 1684.

[58] 李昭, 李宝让, 陈豪志, 文卜, 杜小泽. 相变储热技术研究进展 [J]. 化工进展, 2020, 39 (12): 5066 – 5085.

[59] S. Desai, J. Njuguna. Enhancement of thermal conductivity of materials using different forms of natural graphite [J]. IOP Conference Series: Materials Science and Engineering, 2012, 40 (1): 012017.

[60] C. Vincent, J. M. Heintz, J. F. Silvain, N. Chandra. Cu/CNF nanocomposite processed by novel salt decomposition method [J]. Journal of Composite Materials, 2011, 1 (1): 1 – 9.

[61] D. Mei, B. Zhang, R. Liu, Y. Zhang, J. Liu. Preparation of capric acid/halloysite nanotube composite as form – stable phase change material for thermal energy storage [J]. Solar Energy Materials and Solar Cells, 2011, 95 (10): 2772 – 2777.

[62] N. Zhang, Y. Yuan, Y. Yuan, T. Li, X. Cao. Lauric – palmitic – stearic acid/expanded perlite composite as form – stable phase change material: Preparation and thermal properties [J]. Energy and Buildings, 2014, 82: 505 – 511.

[63] A. Sarı. Fabrication and thermal characterization of kaolin – based composite phase change materials for latent heat storage in buildings [J]. Energy and Buildings, 2015, 96: 193 – 200.

[64] F. Tang, D. Su, Y. Tang, G. Fang. Synthesis and thermal properties of fatty acid eutectics and diatomite composites as shape – stabilized phase change materials with enhanced thermal conductivity [J]. Solar Energy Materials and Solar Cells, 2015, 141: 218 – 224.

[65] A. Karaipekli, A. Sarı. Capric – myristic acid/vermiculite composite as form – stable phase change material for thermal energy storage [J]. Solar Energy, 2009, 83 (3): 323 – 332.

[66] S. G. Jeong, S. Jin Chang, S. We, S. Kim. Energy efficient thermal storage montmorillonite with phase change material containing exfoliated graphite nanoplatelets [J]. Solar Energy Materials and Solar Cells, 2015, 139: 65 – 70.

[67] S. Kim, S. J. Chang, O. Chung, S. G. Jeong, S. Kim. Thermal characteristics of mortar containing hexadecane/xGnP SSPCM and energy storage behaviors of envelopes integrated with enhanced heat storage composites for energy efficient buildings [J]. Energy & Buildings, 2014, 70 (2): 472 – 479.

[68] J. L. Zeng, J. Gan, F. – R. Zhu, S. – B. Yu, Z. – L. Xiao, W. – P. Yan, L. Zhu, Z. – Q. Liu, L. – X. Sun, Z. Cao. Tetradecanol/expanded graphite composite form – stable phase change material for thermal energy storage [J]. Solar Energy Materials and Solar Cells, 2014, 127: 122 – 128.

[69] S. Wi, J. Seo, S. G. Jeong, S. J. Chang, Y. Kang, S. Kim. Thermal properties of shape – stabilized phase change materials using fatty acid ester and exfoliated graphite nanoplatelets for saving energy in buildings [J]. Solar Energy Materials and Solar Cells, 2015, 143: 168 – 173.

[70] S. M. Shalaby, M. A. Bek, A. A. El – Sebaii. Solar dryers with PCM as energy storage medium: A review [J]. Renewable and Sustainable Energy Reviews, 2014, 33: 110 – 116.

[71] Y. Yang, Y. Pang, Y. Liu, H. Guo. Preparation and thermal properties of polyethylene glycol/expanded graphite as novel form – stable phase change material for indoor energy saving [J]. Materials Letters, 2018, 216: 220 – 223.

[72] X. Guo, S. Zhang, J. Cao. An energy – efficient composite by using expanded graphite stabilized par-

affin as phase change material [J]. Composites Part A Applied Science and Manufacturing, 2018, 107: 83 - 89.

[73] N. Zhang, Y. Yuan, X. Wang, X. Cao, X. Yang, S. Hu. Preparation and characterization of lauric - myristic - palmitic acid ternary eutectic mixtures/expanded graphite composite phase change material for thermal energy storage [J]. Chemical Engineering Journal, 2013, 231: 214 - 219.

[74] M. Li, Z. Wu, H. Kao. Study on preparation and thermal properties of binary fatty acid/diatomite shape - stabilized phase change materials [J]. Solar Energy Materials and Solar Cells, 2011, 95 (8): 2412 - 2416.

[75] L. Min, Z. Wu, H. Kao, J. Tan. Experimental investigation of preparation and thermal performances of paraffin/bentonite composite phase change material [J]. Energy Conversion & Management, 2011, 52 (11): 3275 - 3281.

[76] T. Qian, J. Li, H. Ma, J. Yang. Adjustable thermal property of polyethylene glycol/diatomite shape - stabilized composite phase change material [J]. Polymer Composites, 2016, 37 (3): 854 - 860.

[77] S. Liu, H. Yang. Porous ceramic stabilized phase change materials for thermal energy storage [J]. RSC Advances, 2016, 6 (53): 48033 - 48042.

[78] C. Li, L. Fu, J. Ouyang, A. Tang, H. Yang. Kaolinite stabilized paraffin composite phase change materials for thermal energy storage [J]. Applied Clay Science, 2015, 115: 212 - 220.

[79] C. Li, J. Ouyang, H. Yang. Novel sensible thermal storage material from naturalminerals [J]. Physics and Chemistry of Minerals, 2013, 40 (9): 681 - 689.

[80] C. Li, L. Fu, J. Ouyang, H. Yang. Enhanced performance and interfacial investigation of mineral - based composite phase change materials for thermal energy storage [J]. Scientific Reports, 2013, 3 (1): 1 - 8.

[81] C. Li, H. Yang. Expanded vermiculite/paraffin composite as a solar thermal energy storage material [J]. Journal of the American Ceramic Society, 2013, 96 (9): 2793 - 2798.

[82] T. Qian, J. Li, X. Min, W. Guan, Y. Deng, L. Ning. Enhanced thermal conductivity of PEG/diatomite shape - stabilized phase change materials with Ag nanoparticles for thermal energy storage [J]. Journal of Materials Chemistry A, 2015, 3 (16): 8526 - 8536.

[83] S. Song, L. Dong, S. Chen, H. Xie, C. Xiong. Stearic - capric acid eutectic/activated - attapulgiate composite as form - stable phase change material for thermal energy storage [J]. Energy Conversion and Management, 2014, 81: 306 - 311.

[84] Z. P. Tomić, D. Ašanin, S. Antić - Mladenović, V. Poharc - Logar, P. Makreski. NIR and MIR spectroscopic characteristics of hydrophilic and hydrophobic bentonite treated with sulphuric acid [J]. Vibrational Spectroscopy, 2012, 58: 95 - 103.

[85] Y. Zhao, S. Thapa, L. Weiss, Y. Lvov. Phase change heat insulation based on wax - clay nanotube composites [J]. Advanced Engineering Materials, 2014, 16 (11): 1391 - 1399.

[86] D. Yang, F. Peng, H. Zhang, H. Guo, L. Xiong, C. Wang, S. Shi, X. Chen. Preparation of palygorskite paraffin nanocomposite suitable for thermal energy storage [J]. Applied Clay Science, 2016, 126: 190 - 196.

[87] M. Li, Z. Wu. Preparation and performance of highly conductive phase change materials prepared with paraffin, expanded graphite, and diatomite [J]. International journal of green energy, 2011, 8 (1): 121 - 129.

[88] X. Fu, Z. Liu, B. Wu, J. Wang, J. Lei. Preparation and thermal properties of stearic acid/diatomite composites as form - stable phase change materials forthermal energy storage via direct impregnation method [J]. Journal of Thermal Analysis and Calorimetry, 2016, 123 (2): 1173 - 1181.

[89] D. Mei, B. Zhang, R. Liu, H. Zhang, J. Liu. Preparation of stearic acid/halloysite nanotube composite as form – stable PCM for thermal energy storage [J]. International Journal of Energy Research, 2011, 35: 828 – 834.

[90] J. Zhang, X. Zhang, Y. Wan, D. Mei, B. Zhang. Preparation and thermal energy properties of paraffin/halloysite nanotube composite as form – stable phase change material [J]. Solar Energy, 2012, 86 (5): 1142 – 1148.

[91] S. Liu, H. Yang. Stearic acid hybridizing coal – series kaolin composite phase change material for thermal energy storage [J]. Applied Clay Science, 2014, 101: 277 – 281.

[92] Y. Wang, H. Zheng, H. X. Feng, D. Y. Zhang. Effect of preparation methods on the structure and thermal properties of stearic acid/activated montmorillonite phase change materials [J]. Energy and Buildings, 2012, 47 (47): 467 – 473.

[93] X. Fang, Z. Zhang, Z. Chen. Study on preparation of montmorillonite – based composite phase change materials and their applications in thermal storage building materials [J]. Energy Conversion and Management, 2008, 49 (4): 718 – 723.

[94] K. Peng, J. Zhang, H. Yang, J. Ouyang. Acid – hybridized expanded perlite as a composite phase – change material in wallboards [J]. RSC Advances, 2015, 5 (81): 66134 – 66140.

[95] L. Jiesheng, L. Faping, G. Xiaoqiang, Z. Rongtang. Experimental research in the phase change materials based on paraffin and expanded perlite [J]. Phase Transitions, 2018, 91 (6): 631 – 637.

[96] W. M. Guan, J. H. Li, T. T. Qian, X. Wang, Y. Deng. Preparation of paraffin/expanded vermiculite with enhanced thermal conductivity by implanting network carbon in vermiculite layers [J]. Chemical Engineering Journal, 2015, 277: 56 – 63.

[97] Z. Sun, W. Kong, S. Zheng, R. L. Frost. Study on preparation and thermal energy storage properties of binary paraffin blends/opal shape – stabilized phase change materials [J]. Solar Energy Materials and Solar Cells, 2013, 117: 400 – 407.

[98] D. Xu, H. Yang. Wollastonite hybridizing stearic acid as thermal energy storage material [J]. Functional Materials Letters, 2014, 7 (6): 440011: 1 – 4.

[99] M. Li, Z. Wu, H. Kao. Study on preparation, structure and thermal energy storage property of capric – palmitic acid/attapulgite composite phase change materials [J]. Applied Energy, 2011, 88 (9): 3125 – 3132.

[100] Y. Zhao, S. Thapa, L. Weiss, Y. Lvov. Phase Change Insulation for Energy Efficiency Based on Wax – Halloysite Composites [J]. IOP Conference Series: Materials Science and Engineering, 2014, 64: 012045.

[101] D. Sun, L. Wang, C. Li. Preparation and thermal properties of paraffin/expanded perlite composite as form – stable phase change material [J]. Materials Letters, 2013, 108: 247 – 249.

[102] B. Xu, H. Ma, Z. Lu, Z. Li. Paraffin/expanded vermiculite composite phase change material as aggregate for developing lightweight thermal energy storage cement – based composites [J]. Applied Energy, 2015, 160: 358 – 367.

[103] C. Li, M. Wang, B. Xie, H. Ma, J. Chen. Enhanced properties of diatomite – based composite phase change materials for thermal energy storage [J]. Renewable Energy, 2020, 147: 265 – 274.

[104] Y. Zhao, W. Kong, Z. Jin, Y. Fu, W. Wang, Y. Zhang, J. Liu, B. Zhang. Storing solar energy within Ag – Paraffin@ Halloysite microspheres as a novel self – heating catalyst [J]. Applied Energy, 2018, 222: 180 – 188.

[105] Y. Konuklu, O. Ersoy. Preparation and characterization of sepiolite – based phase change material nanocomposites for thermal energy storage [J]. Applied Thermal Engineering, 2016, 107: 575 – 582.

[106] 李传常. 矿物基复合储热材料的制备与性能调控 [D]. 长沙：中南大学，2013.

[107] 秦月. 硅藻土基中高温复合相变储能材料工艺及性能的研究 [D]. 北京：中国地质大学，2014.

[108] S. Wu, T. X. Li, T. Yan, Y. J. Dai, R. Z. Wang. High performance form-stable expanded graphite/stearic acid composite phase change material for modular thermal energy storage [J]. International Journal of Heat and Mass Transfer，2016，102：733-744.

[109] N. Xie, J. Niu, Y. Zhong, X. Gao, Z. Zhang, Y. Fang. Development of polyurethane acrylate coated salt hydrate/diatomite form-stable phase change material with enhanced thermal stability for building energy storage [J]. Construction and Building Materials，2020，259.

[110] 易浩. 蒙脱石纳米片基储热材料设计与性能调控研究 [D]. 武汉：武汉理工大学，2020.

[111] B. Tang, J. Cui, Y. Wang, C. Jia, S. Zhang. Facile synthesis and performances of PEG/SiO₂ composite form-stable phase change materials [J]. Solar Energy，2013，97：484-492.

[112] 邹栋，沈陶，吴峰. 有机蒙脱石基复合相变材料的制备及研究 [J]. 材料与冶金学报. 2014，13（3）：193-196，217.

[113] 林森，孙仕勇，邹翔，郭鹏云. 改性蒙脱石/石蜡相变储热微囊的制备与性能表征 [J]. 材料工程，2017，45（3）：35-40.

[114] A. Zehhaf, E. Morallon, A. Benyoucef. Polyaniline/Montmorillonite Nanocomposites Obtained by In Situ Intercalation and Oxidative Polymerization in Cationic Modified-Clay (Sodium，Copper and Iron) [J]. Journal of Inorganic and Organometallic Polymers and Materials，2013，23（6）：1485-1491.

[115] 王明浩，谢襄漓，郭虎，周伶俐，李存军，朱文凤，王林江. 以高岭石稳定的 Pickering 乳液为模板制备高岭石聚脲微胶囊及相变性能研究 [J]. 功能材料，2020，51（3）：3114-3120.

[116] C. Li, B. Xie, J. Chen, Z. He, Z. Chen, Y. Long. Emerging mineral-coupled composite phase change materials for thermal energy storage [J]. Energy Conversion and Management，2019，183：633-644.

[117] S. F. Ahmed, M. Khalid, W. Rashmi, A. Chan, K. Shahbaz. Recent progress in solar thermal energy storage using nanomaterials [J]. Renewable and Sustainable Energy Reviews，2017，67：450-460.

[118] Y. Zhang, X. P. Wang, D. X. Li. Prepartion of organophilic bentonite/paraffin composite phase change energy storage material with melting intercalation method [J]. Advanced Materials Research，2011，284-286（1）：126-131.

[119] R. Wen, X. Zhang, Z. Huang, M. Fang, Y. Liu, X. Wu, X. Min, W. Gao, S. Huang. Preparation and thermal properties of fatty acid/diatomite form-stable composite phase change material for thermal energy storage [J]. Solar Energy Materials and Solar Cells，2018，178：273-279.

[120] J. M. Marín, B. Zalba, L. F. Cabeza, H. Mehling. Improvement of a thermal energy storage using plates with paraffin-graphite composite [J]. International Journal of Heat and Mass Transfer，2005，48（12）：2561-2570.

[121] H. Sun, S. Liu, G. Zhou, H. M. Ang, M. O. Tadé, S. Wang. Reduced graphene oxide for catalytic oxidation of aqueous organic pollutants [J]. Acs Applied Materials and Interfaces，2012，4（10）：5466.

[122] X. Fang, Q. Ding, L. -Y. Li, K. -S. Moon, C. -P. Wong, Z. -T. Yu. Tunable thermal conduction character of graphite-nanosheets-enhanced composite phase change materials via cooling rate control [J]. Energy Conversion & Management，2015，103：251-258.

[123] G. Fang, H. Li, Z. Chen, X. Liu. Preparation and characterization of stearic acid/expanded graphite composites as thermal energy storage materials [J]. Energy，2010，35（12）：4622-4626.

[124] Q. Zhang, H. Wang, Z. Ling, X. Fang, Z. Zhang. RT100/expand graphite composite phase change ma-

terial with excellent structure stability, photo – thermal performance and good thermal reliability [J]. Solar Energy Materials and Solar Cells, 2015, 140: 158 – 166.

[125] C. Wang, L. Feng, W. Li, J. Zheng, W. Tian, X. Li. Shape – stabilized phase change materials based on polyethylene glycol/porous carbon composite: The influence of the pore structure of the carbon materials [J]. Solar Energy Materials and Solar Cells, 2012, 105 (19): 21 – 26.

[126] C. Wang, L. Feng, H. Yang, G. Xin, W. Li, J. Zheng, W. Tian, X. Li. Graphene oxide stabilized polyethylene glycol for heat storage [J]. Physical Chemistry Chemical Physics, 2012, 14 (38): 13233 – 13238.

[127] M. J. Golding, H. E. Huppert, J. A. Neufeld. The effects of capillary forces on the axisymmetric propagation of two – phase, constant – flux gravity currents in porous media [J]. Physics of Fluids, 2013, 25 (3): 1 – 18.

[128] M. Rezaveisi, S. Ayatollahi, B. Rostami. Experimental investigation of matrix wettability effects on water imbibition in fractured artificial porous media [J]. Journal of Petroleum Science and Engineering, 2012, 86: 165 – 171.

[129] Y. Cheng, H. Sun, W. Jin, N. Xu. Photocatalytic degradation of 4 – chlorophenol with combustion synthesized TiO_2 under visible light irradiation [J]. Chemical Engineering Journal, 2007, 128 (2 – 3): 127 – 133.

[130] K. K. C. Ho, G. Beamson, G. Shia, N. V. Polyakova, A. Bismarck. Surface and bulk properties of severely fluorinated carbon fibres [J]. Journal of Fluorine Chemistry, 2007, 128 (11): 1359 – 1368.

[131] H. Pálková, L. u. Janković, M. Zimowska, J. Madejová. Alterations of the surface and morphology of tetraalkyl – ammonium modified montmorillonites upon acid treatment [J]. Journal of Colloid and Interface Science, 2011, 363 (1): 213 – 222.

[132] S. Zheng, L. Wang, F. Shu, J. Chen. The influence of acid leaching and calcining on the performance of diatomite [J]. Journal of the Chinese Ceramic Society, 2006, 34 (11): 1382 – 1386.

[133] Z. Zhang, G. Shi, S. Wang, X. Fang, X. Liu. Thermal energy storage cement mortar containing n – octadecane/expanded graphite composite phase change material [J]. Renewable Energy, 2013, 50: 670 – 675.

[134] J. Zhu, G. Zeng, F. Nie, X. Xu, S. Chen, Q. Han, X. Wang. Decorating graphene oxide with CuO nanoparticles in a water – isopropanol system [J]. Nanoscale, 2010, 2 (6): 988.

[135] J. Yang, E. Zhang, X. Li, Y. Zhang, J. Qu, Z. Z. Yu. Cellulose/graphene aerogel supported phase change composites with high thermal conductivity and good shape stability for thermal energy storage [J]. Carbon, 2015, 98: 50 – 57.

[136] F. Iskandar, U. Hikmah, E. Stavila, A. H. Aimon. Microwave – assisted reduction method under nitrogen atmosphere for synthesis and electrical conductivity improvement of reduced graphene oxide (rGO) [J]. RSC Advances, 2017, 7 (83): 52391 – 52397.

[137] A. Ferrari, J. Meyer, V. Scardaci, C. Casiraghi, M. Lazzeri, F. Mauri, S. Piscanec, D. Jiang, K. Novoselov, S. Roth. Raman spectrum of graphene and graphene layers [J]. Physical Review Letters, 2006, 97 (18): 187401.

[138] Y. Yuan, T. Li, N. Zhang, X. Cao, X. Yang. Investigation on thermal properties of capric – palmitic – stearic acid/activated carbon composite phase change materials for high – temperature cooling application [J]. Journal of Thermal Analysis and Calorimetry, 2016, 124 (2): 881 – 888.

[139] D. G. Atinafu, W. Dong, X. Huang, H. Gao, G. Wang. Introduction of organic – organic eutectic PCM in mesoporous N – doped carbons for enhanced thermal conductivity and energy storage capacity [J]. Applied Energy, 2018, 211: 1203 – 1215.

［140］ Y. Yuan，X. Gao，H. Wu，Z. Zhang，X. Cao，L. Sun，N. Yu. Coupled cooling method and application of latent heat thermal energy storage combined withpre‐cooling of envelope：Method and model development ［J］. Energy，2017，119：817‐833.

［141］ 张贺磊，方贤德，赵颖杰. 相变储热材料及技术的研究进展 ［J］. 材料导报，2014，（13）：26‐32.

［142］ T. Qian，J. Li，H. Ma，J. Yang. Adjustable thermal property of polyethylene glycol/diatomite shape‐stabilized composite phase change material ［J］. Polymer Composites，2014，37 (3)：854‐860.

［143］ D. Mei，B. Zhang，R. Liu，H. Zhang，J. Liu. Preparation of stearic acid/halloysite nanotube composite as form‐stable PCM for thermal energy storage ［J］. International Journal of Energy Research，2011，35 (9)：828‐834.

［144］ J. Ravichandran，A. K. Yadav，R. Cheaito，P. B. Rossen，A. Soukiassian，S. J. Suresha，J. C. Duda，B. M. Foley，C. ‐ H. Lee，Y. Zhu，A. W. Lichtenberger，J. E. Moore，D. A. Muller，D. G. Schlom，P. E. Hopkins，A. Majumdar，R. Ramesh，M. A. Zurbuchen. Crossover from incoherent to coherent phonon scattering in epitaxial oxide superlattices ［J］. Nat Mater，2014，13 (2)：168‐172.

［145］ S. Kaur，N. Raravikar，B. A. Helms，R. Prasher，D. F. Ogletree. Enhanced thermal transport at covalently functionalized carbon nanotube array interfaces ［J］. Nat Commun，2014，5 (1)：1‐8.

［146］ W. Seebacher，C. Schlapper，R. Brun，M. Kaiser，R. Saf，R. Weis. Synthesis of new esters and oximes with 4‐aminobicyclo ［2.2.2］ octane structure and evaluation of their antitrypanosomal and antiplasmodial activities ［J］. European Journal of Medicinal Chemistry，2007，38 (2)：970‐977.

［147］ 冯猛，赵春贵，巩方玲，阳明书. 氨基硅烷偶联剂对蒙脱石的修饰改性研究 ［J］. 化学学报，2004，62 (1)：83‐87.

［148］ 朱维菊，高华，李村，吴振玉，方敏. 氨基硅烷偶联剂改性凹凸棒土的制备及其吸附性能 ［J］. 应用化学，2012，29 (2)：180‐185.

［149］ 阳明书，钱钟钟，张世民，徐新峰，王峰，文斌，丁艳芬. 表面接枝硅烷偶联剂的改性黏土及其制备方法和用途 ［J］. 应用化学，2012，29 (2)：180‐185.

［150］ 王伟，李文峰，杨玉琼，赵军. 缩合剂1,3‐二环己基碳二亚胺（DCC）在有机合成中的应用 ［J］. 化学试剂，2008，30 (3)：185‐190.

［151］ A. Sarı，A. Karaipekli. Preparation，thermal properties and thermal reliability of palmitic acid/expanded graphite composite as form‐stable PCM for thermal energy storage ［J］. Solar Energy Materials and Solar Cells，2009，93 (5)：571‐576.

［152］ C. Li，B. Xie，J. Chen，Z. Chen，X. Sun，S. Gibb. H_2O_2‐microwave treated graphite stabilized stearic acid as a composite phase change material for thermal energy storage ［J］. RSC Advances，2017，7 (83)：52486‐52495.

［153］ C. Li，B. Xie，J. Chen. Graphene‐decorated silica stabilized stearic acid as a thermal energy storage material ［J］. RSC Advances，2017，7 (48)：30142‐30151.

［154］ H. Ji，D. P. Sellan，M. T. Pettes，X. Kong，J. Ji，L. Shi，R. S. Ruoff. Enhanced thermal conductivity of phase change materials with ultrathin‐graphite foams for thermal energy storage ［J］. Energy and Environmental Science，2014，7 (3)：1185‐1192.

［155］ H. J. Choi，J. Choi. Double‐layered buffer to enhance the thermal performance in a high‐level radioactive waste disposal system ［J］. Nuclear Engineering and Design，2008，238 (10)：2815‐2820.

［156］ C. Li，B. Xie，Z. He，J. Chen，Y. Long. 3D structure fungi‐derived carbon stabilized stearic acid as a composite phase change material for thermal energy storage ［J］. Renewable Energy，2019，140：862‐873.

［157］ J. Zeng，J. Gan，F. Zhu，S. Yu，Z. Xiao，W. Yan，L. Zhu，Z. Liu，L. Sun，Z. Cao. Tetradecanol/expanded graphite composite form‐stable phase change material for thermal energy storage ［J］. Solar Energy Materials and Solar Cells, 2014, 127: 122 - 128.

[158] C. Li, B. Zhang, Q. Liu. N - eicosane/expanded graphite as composite phase change materials for electro - driven thermal energy storage [J]. Journal of Energy Storage, 2020, 29: 101339.

[159] B. Zhang, C. Li, Q. Liu. N - eicosane/multilayer graphene composite phase change materials for electro - thermal conversion and storage [J]. Thermal Science and Engineering Progress, 2021, 25: 101039.

[160] S. J. C. Granneman, N. Shahidzadeh, B. Lubelli, R. P. J. van Hees. Effect of borax on the wetting properties and crystallization behavior of sodium sulfate [J]. CrystEngComm, 2017, 19 (7): 1106 - 1114.

[161] W. Xie, C. Zou, Z. Tang, H. Fu, X. Zhu, J. Kuang, Y. Deng. Well - crystallized borax prepared from boron - bearing tailings by sodium roasting and pressure leaching [J]. RSC Advances, 2017, 7 (49): 31042 - 31048.

[162] M. El Bana, G. Mohammed, A. El Sayed, S. El Gamal. Preparation and characterization of PbO/carboxymethyl cellulose/polyvinylpyrrolidone nanocomposite films [J]. Polymer Composites, 2018, 39 (10): 3712 - 3725.

[163] Y. Wu, T. Wang. Hydrated salts/expanded graphite composite with high thermal conductivity as a shape - stabilized phase change material for thermal energy storage [J]. Energy Conversion and Management, 2015, 101: 164 - 171.

[164] N. Kim, E. Seo, Y. Kim. Physical, mechanical and water barrier properties of yuba films incorporated with various types of additives [J]. Journal of the Science of Food and Agriculture, 2019, 99 (6): 2808 - 2817.

[165] X. Sun, J. Shen, D. Yu, X. K. Ouyang. Preparation of pH - sensitive Fe_3O_4 @ C/carboxymethyl cellulose/chitosan composite beads for diclofenac sodium delivery [J]. International Journal of Biological Macromolecules, 2019, 127: 594 - 605.

[166] Z. Wang, S. Liu, G. Ma, S. Xie, G. Du, J. Sun, Y. Jia. Preparation and properties of caprylic - nonanoic acid mixture/expanded graphite composite as phase change material for thermal energy storage [J]. International Journal of Energy Research, 2017, 41 (15): 2555 - 2564.

[167] C. Li, B. Zhang, B. Xie, X. Zhao, J. Chen. Tailored phase change behavior of $Na_2SO_4 \cdot 10H_2O$/expanded graphite composite for thermal energy storage [J]. Energy Conversion and Management, 2020, 208: 112586.

[168] M. Telkes. Nucleation of supersaturated inorganic salt solutions [J]. Journal of Industrial and Engineering Chemistry, 1952, 1952 (44): 1308 - 1310.

[169] Z. Guo, H. Liu, Y. Wu, X. Wang, D. Wu. Design and fabrication of pH - responsive microencapsulated phase change materials for multipurpose applications [J]. Reactive and Functional Polymers, 2019, 140: 111 - 123.

[170] F. Li, X. Wang, D. Wu. Fabrication of multifunctional microcapsules containing n - eicosane core and zinc oxide shell for low - temperature energy storage, photocatalysis, and antibiosis [J]. Energy Conversion and Management, 2015, 106: 873 - 885.

[171] T. Qian, J. Li, Y. Deng. Pore structure modified diatomite - supported PEG composites for thermal energy storage [J]. Scientific reports, 2016, 6: 32392: 1 - 14.

[172] J. Han, S. Liu. Myristic acid - hybridized diatomite composite as a shape - stabilized phase change material for thermal energy storage [J]. RSC Advances, 2017, 7 (36): 22170 - 22177.

[173] A. Sarı, A. Bicer, F. Al - Sulaiman, A. Karaipekli, V. Tyagi. Diatomite/CNTs/PEG composite PCMs with shape - stabilized and improved thermal conductivity: Preparation and thermal energy

storage properties [J]. Energy and Buildings, 2018, 164: 166 – 175.

[174] B. Xu, Z. Li. Paraffin/diatomite/multi – wall carbon nanotubes composite phase change material tailor – made for thermal energy storage cement – based composites [J]. Energy, 2014, 72: 371 – 380.

[175] A. Sarı, A. Al – Ahmed, A. Bicer, F. A. Al – Sulaiman, G. Hekimoǧlu. Investigation of thermal properties and enhanced energy storage/release performance of silica fume/myristic acid composite doped with carbon nanotubes [J]. Renewable Energy, 2019, 140: 779 – 788.

[176] Z. A. Qureshi, H. M. Ali, S. Khushnood. Recent advances on thermal conductivity enhancement of phase change materials for energy storage system: A review [J]. International Journal of Heat and Mass Transfer, 2018, 127: 838 – 856.

[177] C. Li, B. Xie, D. Chen, J. Chen, W. Li, Z. Chen, S. W. Gibb, Y. Long. Ultrathin graphite sheets stabilized stearic acid as a composite phase change material for thermal energy storage [J]. Energy, 2019, 166: 246 – 255.

[178] S. Tahan Latibari, S. M. Sadrameli. Carbon based material included – shaped stabilized phase change materials for sunlight – driven energy conversion and storage: An extensive review [J]. Solar Energy, 2018, 170: 1130 – 1161.

[179] A. K. Mishra, B. B. Lahiri, J. Philip. Carbon black nano particle loaded lauric acid – based form – stable phase change material with enhanced thermal conductivity and photo – thermal conversion for thermal energy storage [J]. Energy, 2020, 191: 116572.

[180] M. Li, C. Wang. Preparation and characterization of GO/PEG photo – thermal conversion form – stable composite phase change materials [J]. Renewable Energy, 2019, 141: 1005 – 1012.

[181] W. Cheng, R. Zhang, K. Xie, N. Liu, J. Wang. Heat conduction enhanced shape – stabilized paraffin/HDPE composite PCMs by graphite addition: Preparation and thermal properties [J]. Solar Energy Materials and Solar Cells, 2010, 94 (10): 1636 – 1642.

[182] Y. Cui, C. Liu, S. Hu, X. Yu. The experimental exploration of carbon nanofiber and carbon nanotube additives on thermal behavior of phase change materials [J]. Solar Energy Materials and Solar Cells, 2011, 95 (4): 1208 – 1212.

[183] N. Tan, T. Xie, Y. Feng, P. Hu, Q. Li, L. M. Jiang, W. B. Zeng, J. L. Zeng. Preparation and characterization of erythritol/sepiolite/exfoliated graphite nanoplatelets form – stable phase change material with high thermal conductivity and suppressed supercooling [J]. Solar Energy Materials and Solar Cells, 2020, 217: 110726.

[184] T. Qian, J. Li. Octadecane/C – decorated diatomite composite phase change material with enhanced thermal conductivity as aggregate for developing structural – functional integrated cement for thermal energy storage [J]. Energy, 2018, 142: 234 – 249.

[185] T. Qian, J. Li, X. Min, Y. Deng, W. Guan, L. Ning. Diatomite: A promising natural candidate as carrier material for low, middle and high temperature phase change material [J]. Energy Conversion and Management, 2015, 98: 34 – 45.

[186] Z. Sun, Y. Zhang, S. Zheng, Y. Park, R. L. Frost. Preparation and thermal energy storage properties of paraffin/calcined diatomite composites as form – stable phase change materials [J]. Thermochimica Acta, 2013, 558: 16 – 21.

[187] X. Xu, X. Zhang, S. Zhou, Y. Wang, L. Lu. Experimental and application study of $Na_2SO_4 \cdot 10H_2O$ with additives for cold storage [J]. Journal of Thermal Analysis and Calorimetry, 2019, 136 (2): 505 – 512.

[188] A. Sarı, A. Biçer. Thermal energy storage properties and thermal reliability of some fatty acid esters/building material composites as novel form – stable PCMs [J]. Solar Energy Materials and

Solar Cells，2012，101：114 - 122.

[189] S. Karaman，A. Karaipekli，A. Sarı，A. Bicer. Polyethylene glycol（PEG）/diatomite composite as a novel form - stable phase change material for thermal energy storage [J]. Solar Energy Materials and Solar Cells，2011，95（7）：1647 - 1653.

[190] A. Sarı，A. Bicer，F. A. Al - Sulaiman，A. Karaipekli，V. V. Tyagi. Diatomite/CNTs/PEG composite PCMs with shape - stabilized and improved thermal conductivity：Preparation and thermal energy storage properties [J]. Energy and Buildings，2018，164：166 - 175.

[191] C. Li，M. Wang，Z. Chen，J. Chen. Enhanced thermal conductivity and photo - to - thermal performance of diatomite - based composite phase change materials for thermal energy storage [J]. Journal of Energy Storage，2021，34：102171.

[192] W. Liang，L. Wang，H. Zhu，Y. Pan，Z. Zhu，H. Sun，C. Ma，A. Li. Enhanced thermal conductivity of phase change material nanocomposites based on MnO_2 nanowires and nanotubes for energy storage [J]. Solar Energy Materials and Solar Cells，2018，180：158 - 167.

[193] K. Yuan，J. Shi，W. Aftab，M. Qin，A. Usman，F. Zhou，Y. Lv，S. Gao，R. Zou. Engineering the Thermal Conductivity of Functional Phase - Change Materials for Heat Energy Conversion，Storage，and Utilization [J]. Advanced Functional Materials，2020，30（8）：1904228.

[194] T. Qian，J. Li，D. Yong. Pore structure modified diatomite - supported PEG composites for thermal energy storage [J]. Scientific reports，2016，6：32392.

[195] J. Jin，J. Ouyang，H. Yang. One - step synthesis of highly ordered Pt/MCM - 41 from natural diatomite and the superior capacity in hydrogen storage [J]. Applied Clay Science，2014，99：246 - 253.

[196] W. Salmi，J. Vanttola，M. Elg，M. Kuosa，R. Lahdelma. Using waste heat of ship as energy source for an absorption refrigeration system [J]. Applied Thermal Engineering，2017，115：501 - 516.

[197] S. W. Sharshir，G. Peng，N. Yang，M. A. Eltawil，M. K. A. Ali，A. E. Kabeel. A hybrid desalination system using humidification - dehumidification and solar stills integrated with evacuated solar water heater [J]. Energy Conversion and Management，2016，124：287 - 296.

[198] G. Ni，S. H. Zandavi，S. M. Javid，S. V. Boriskina，T. A. Cooper，C. Gang. A salt - rejecting floating solar still for low - cost desalination [J]. Energy & Environmental Science，2018，11（6）：1510 - 1519.

[199] 徐阳，朱桂花，吕硕，单博，何雅玲. 金属基复合高温相变储热材料制备与性能研究 [J]. 工程热物理学报，2016，V37（7）：1371 - 1377.

[200] Z. M. Omara，A. E. Kabeel，M. M. Younes. Enhancing the stepped solar still performance using internal and external reflectors [J]. Energy Conversion and Management，2014，78：876 - 881.

[201] 贾睿，贾博麟. 水在氢气、氧气转变时的自由能的变化及水的汽化潜热分析 [J]. 大学物理实验，2017，30（2）：15 - 16.

[202] 李远涛. 横管表面自然对流传热特性的实验分析和数值模拟 [J]. 长春工程学院学报（自然科学版），2010，11（1）：64 - 67.

[203] A. E. Kabeel，M. Abdelgaied. Improving the performance of solar still by using PCM as a thermal storage medium under Egyptian conditions [J]. Desalination，2016，383：22 - 28.

[204] 李雪民. 主要海水淡化方法技术经济分析与比较 [J]. 一重技术，2010（2）：63 - 70.

[205] L. Chen，R. Zou，W. Xia，Z. Liu，Y. Shang，J. Zhu，Y. Wang，J. Lin，D. Xia，A. Cao. Electro - and photodriven phase change composites based on wax - infiltrated carbon nanotube sponges [J]. ACS nano，2012，6（12）：10884 - 10892.

[206] Z. Liu，R. Zou，Z. Lin，X. Gui，R. Chen，J. Lin，Y. Shang，A. Cao. Tailoring carbon nanotube density for modulating electro - to - heat conversion in phase change composites [J]. Nano Let-

ters，2013，13 (9)：4028 - 4035.

[207] S. A. Khateeb，S. Amiruddin，M. Farid，J. R. Selman，S. Al - Hallaj. Thermal management of Li - ion battery with phase change material for electric scooters：experimental validation [J]. Journal of Power Sources，2005，142 (1 - 2)：345 - 353.

[208] T. u. Rehman，H. M. Ali，A. Saieed，W. Pao，M. Ali. Copper foam/PCMs based heat sinks：An experimental study for electronic cooling systems [J]. International Journal of Heat and Mass Transfer，2018，127：381 - 393.

[209] R. Sabbah，R. Kizilel，J. R. Selman，S. Al - Hallaj. Active (air - cooled) vs. passive (phase change material) thermal management of high power lithium - ion packs：Limitation of tempera-ture rise and uniformity of temperature distribution [J]. Journal of Power Sources，2008，182 (2)：630 - 638.

[210] K. S. Kshetrimayum，Y. G. Yoon，H. R. Gye，C. J. Lee. Preventing heat propagation and thermal runaway in electric vehicle battery modules using integrated PCM and micro - channel plate cooling system [J]. Applied Thermal Engineering，2019，159：113797.

[211] P. Lv，C. Liu，Z. Rao. Review on clay mineral - based form - stable phase change materials：Prep-aration，characterization and applications [J]. Renewable and Sustainable Energy Reviews，2017，68：707 - 726.

[212] A. Alrashdan，A. T. Mayyas，S. Al - Hallaj. Thermo - mechanical behaviors of the expanded graphite - phase change material matrix used for thermal management of Li - ion battery packs [J]. Journal of Ma-terials Processing Technology，2010，210 (1)：174 - 179.

[213] M. Safdari，R. Ahmadi，S. Sadeghzadeh. Numerical investigation on PCM encapsulation shape used in the passive - active battery thermal management [J]. Energy，2020，193：116840.

《大规模清洁能源高效消纳关键技术丛书》
编辑出版人员名单

总 责 任 编 辑 王春学

副总责任编辑 殷海军　李　莉

项 目 负 责 人 王　梅

项 目 组 成 员 丁　琪　邹　昱　高丽霄　汤何美子　王　惠
　　　　　　　　蒋雷生

《清洁能源储热矿物材料技术理论与实践》

责任编辑 丁　琪　李　莉

封面设计 李　菲

责任校对 梁晓静　王凡娥

责任印制 冯　强